Web:AI
智慧生活應用
自走車辨識 X 口罩偵測 X 雲端服務

FOREWORD 推薦序

輕鬆實現跨入 AI + 物聯網的第一步

我認識蔡老師很多年了，過去他一直投入在物聯網的教學，帶領學生得過不少獎項，適逢我們準備推出最新的 Web:AI 開發板，就把相關的使用經驗與主題研究匯集成書籍，分享給大家一起進入 AI + IoT 的世界。我們也根據各方老師使用上的反饋，不斷持續改良與增加新功能，進而推出 Webduino 教育平台。

Web:AI 是 Webduino 團隊最新推出的開發板，結合了 AI、物聯網功能。輕鬆實現跨入 AI + 物聯網的第一步，是我們一直努力追求的目標，期待 Web:AI 能提供初學者最簡單的 AIoT 入門學習方式。Webduino 教育平台內含 Web:AI「程式積木工具」，和獨一無二的線上「影像訓練平台」，能輕鬆的做到硬體跟網頁做互動，串連起各種網路服務，舉凡是影像分類、人臉追蹤、QRCode 掃描等，只需要在瀏覽器拖拉程式積木就可以完成開發 AIoT 的應用，大幅度簡化開發難度。

本書能帶領讀者由淺入深做出 AI 的應用情境，搭配書中的範例運用，結合 Webduino 系列開發板（Webduino Smart）及平台（Web:Bit），就能迅速體驗 AIoT 生活化例子，點燃學習樂趣，快速實現創意。

許益祥

Webduino 創辦人

PREFACE 自序

核心素養是指一個人為適應現在生活及面對未來挑戰，所應具備的「知識、能力與態度」。資訊科技中的核心素養，指的是「運算思維」，是一種解決問題的模式，透過「問題拆解、模式識別、抽象化及演算法設計」等四個心智歷程，將「知識理解」轉化成程式來實現問題解決。

本書結合新興科技的人工智慧（AI）與物聯網（IoT）兩項技術，實作成智慧物聯網（AIoT）應用案例，內容採「主題式教學」，從流程圖、運算思維、程式設計扎根，培育能應用科技工具達到解題的「動手實作能力」。

書中囊括各種豐富且多樣化的例子，如：QRCode 名片掃描、顏色配對遊戲、剪刀石頭布猜拳辨識、來客 Line 通知 / 傳訊、自走車辨識號誌卡、智慧音箱控制家電…等，能引導讀者循序漸進、由淺入深，發展出「創新的應用」。

蔡宜坦　謹致

目錄

CHAPTER 1 Web:AI 開箱介紹

CHAPTER 2 QRCode 名片掃描

CHAPTER 3 顏色配對遊戲

CHAPTER 4 剪刀石頭布猜拳辨識

CHAPTER 5 來客 LINE 通知 / 傳訊

CHAPTER 6 自走車辨識號誌卡

CHAPTER 7 智慧音箱控制家電

APPENDIX A 安裝版更新韌體

APPENDIX B 習題解答

Web:AI 開發板使用 K210 AI 晶片以及 ESP8285 Wi-Fi 晶片，能夠做出「人臉追蹤、影像分類、物件追蹤、語音辨識、QRCode 掃描…」等應用，支援 Python 和 Tensorflow 訓練模型，只需要一塊板子就能夠讓人工智慧（AI）與物聯網（IoT）結合成智慧物聯網（AIoT）融入生活，可以離線執行，其產品包括：

❶ Web:AI 開發板 ×1

❷ USB 線 ×1

❸ 喇叭 ×1

❹ 教學範例卡 ×6
（部分範例需搭配喇叭及額外購買登月小車）

❺ 小怪獸卡 ×4

Web:AI 開箱介紹

- Web:AI 開發板
- 教學範例卡
- Webduino 教育平台
- 運算思維與問題解決

1-1 Web:AI 開發板

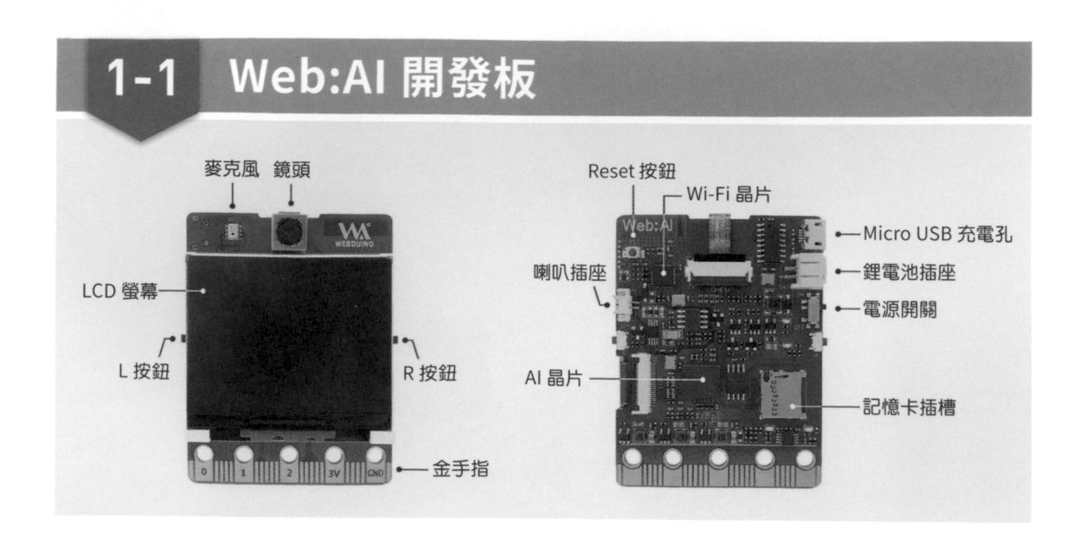

1-1-1 硬體規格

開發板硬體內含攝影鏡頭及 LCD 螢幕，各部份名稱請參考上圖說明，可以串接 MoonCar 及 Web:Bit 擴充板，也能透過網路連結馬克 1 號、Fly、Smart 及 Web:Bit 開發板，接上各類的感測器和控制器，完美達成智慧生活的應用，規格如下：

- 尺寸：51.6×67mm
- LCD 螢幕：8 bit MCU 2.3 吋，解析度 320x240
- 電源輸入：Micro USB（5VDC/2A）或鋰電池插座（3.7~4.2V）
- CPU：雙核 64 bit RISC-V 400MHz，內建浮點運算器、神經網路處理器
- 鏡頭：500 萬畫素
- 插座：金手指相容（Web:Bit/micro:bit）、TF card、喇叭、鋰電池
- 按鈕：L 按鈕、R 按鈕、Reset 按鈕
- 無線網路：內建 ESP8285 模組，支援 2.4G 802.11.b/g/n
- 音頻支援：內建 MEMS 麥克風，支援 3W 揚聲器輸出

1-1-2 燈號認識

- 黃燈：電源開關 ON（往上）時燈亮；電源開關 OFF（往下）時燈滅。
- 紅燈：鋰電池沒電。
- 綠燈：鋰電池充飽。
- 藍燈閃爍：充電中，不論是接鋰電池或電源都會閃爍。

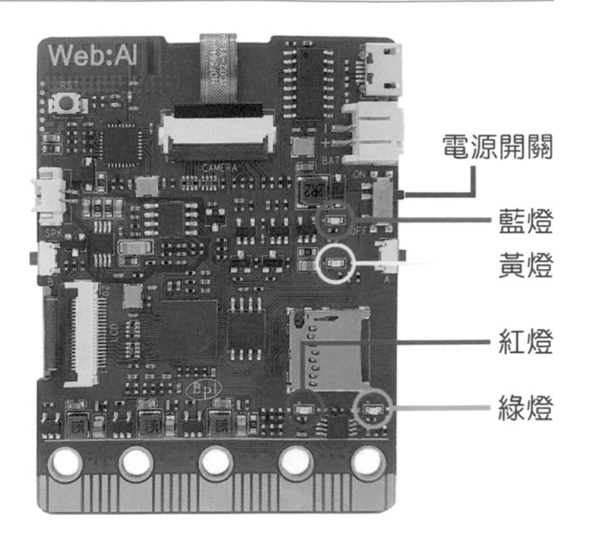

1-1-3 初始化設定

第一次使用開發板之前，需要先設定 Wi-Fi 及做韌體的更新，請依步驟操作：

① 開機

拿出產品包裝盒內的「USB 線」，一端接到開發板「Micro USB 充電孔」，另一端接至電腦 USB 插孔，同時檢查「電源開關」是否置於「ON」的位置，開機完成後會出現「請前往網址，設定 Wi-Fi」。

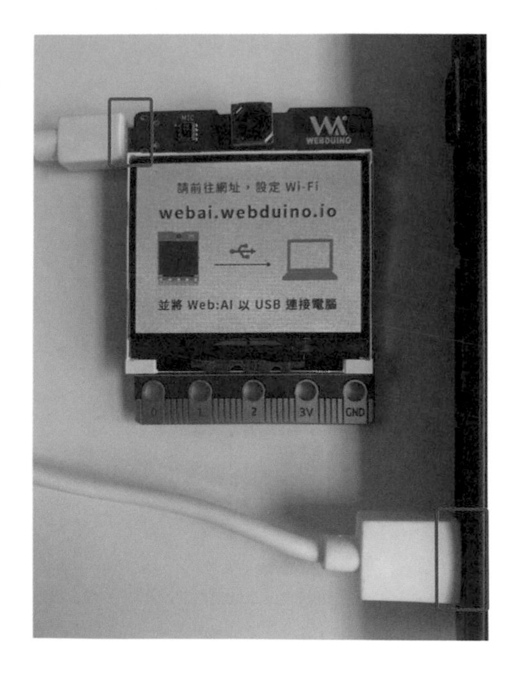

② Wi-Fi 設定

Ⓐ 輸入網址「webai.webduino.io」，按下「點擊開始設定」。

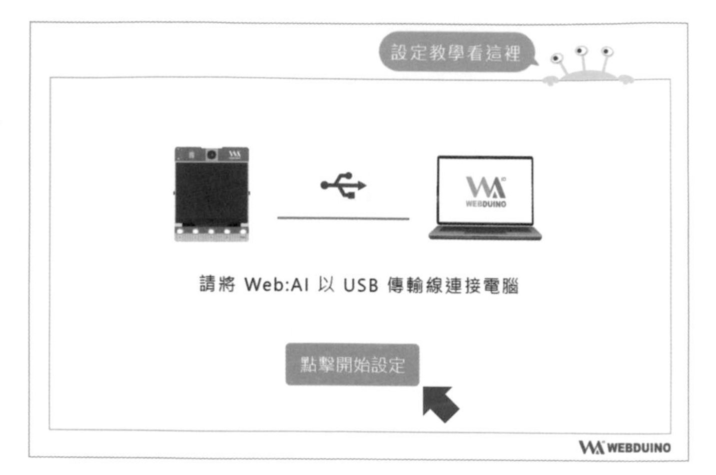

Ⓑ 點擊「開始連接」。

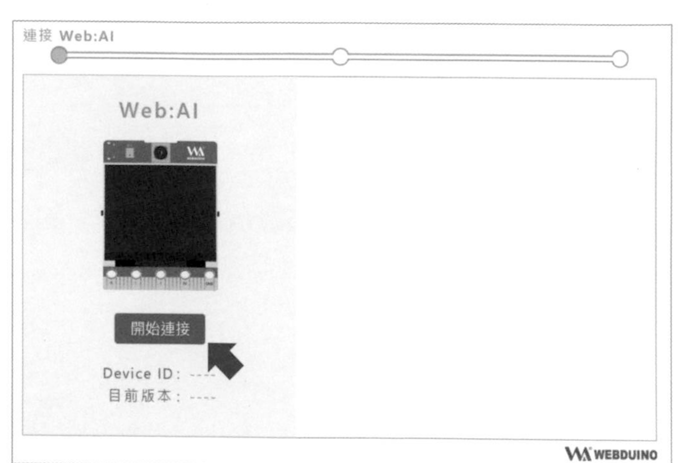

Ⓒ 選取「USB Serial (COM x) 已配對」後（x 代表一個數字），按下「連接」，此時原來「開始連接」處會出現「連接中⋯」。

D 當出現「已連接」時，會顯示「Device ID」及「目前版本」，請在右邊「選擇可用網路」選擇 Wi-Fi 並輸入密碼，按下「儲存連線」後，此時開發板會出現「update please wait...」表示正在更新 ESP8285 Wi-Fi 晶片的韌體，完成後顯示「Webduino WebAI」字樣。

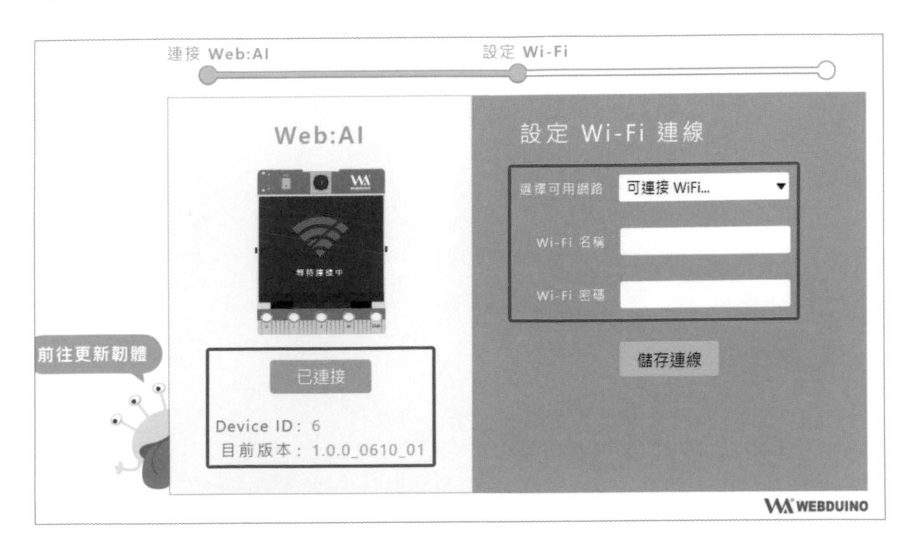

E 若有出現「前往更新韌體」，表示有新版本（K210 AI 晶片的韌體）可更新：❶您可以點擊它前往「kflash 更新韌體」網站，按照步驟下載軟體及韌體更新；❷也可以點擊「教育平台 GO」並參考「附錄 A 安裝版更新韌體」說明來更新。

③ 重新開機

當開發板出現意外當機或需重新開機時，下列兩種方式都能馬上重新啟動。

- 拔除 USB 線再重新插上。
- 按下開發板背面的 Reset 按鈕（按下後約 1 秒才有反應）。

重新開機過程中會出現如下的不同畫面：

❶ 出現 Webduino Logo 圖案。

❷ Wi-Fi 連接，完成時進入倒數畫面：

Ⓐ 按下 "L 按鈕 " 或 5 秒內沒按就會進入「主程式模式」執行上次的程式；

Ⓑ 按下 "R 按鈕 " 則進入「QRCode 模式」。

❸ 如果沒任何程式執行，就會顯示「Webduino WebAI」文字。

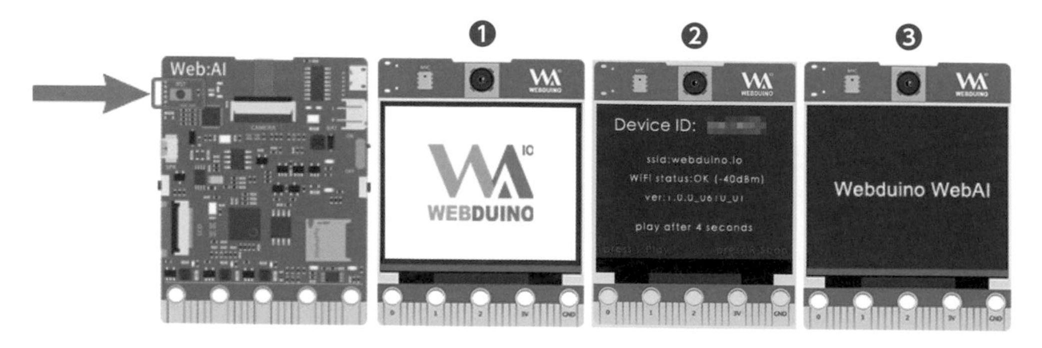

TIP 反覆重新開機並不會導致開發板損壞，請安心使用！

1-2 教學範例卡

這是 Web:AI 提供給初學者體驗的基礎程式範例，只要使用開發板掃描 QRCode，不管有無 Wi-Fi 連接（控制登月小車除外）都能夠立即體驗 AI 人工智慧，其操作步驟如下。

1 進入 QRCode 模式

開機後進行 Wi-Fi 連線，完成時在出現倒數的畫面，這時候按下 " R 按鈕 "，就會進入 QRCode 模式，螢幕上顯示「init Camera… 」。

2 掃描 QRCode

拿出教學範例卡，翻到背面的 QRCode，使用開發板的鏡頭掃描，完成時會出現「running…」字樣，之後會自動重新開機，螢幕顯示「Initialize…」，表示正在執行程式，之後就可以看到結果展示。

1-2-1 使用教學

一、人臉追蹤

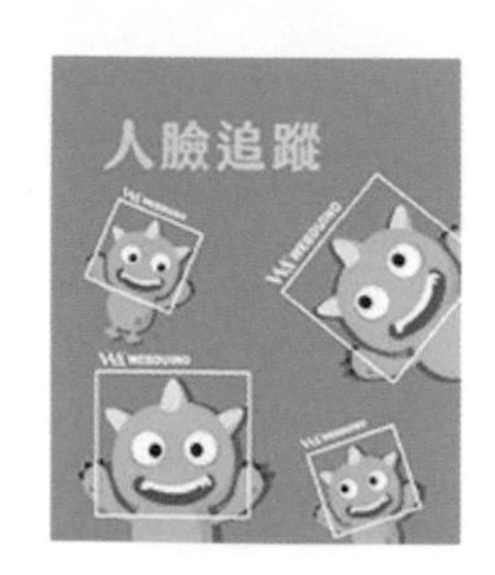

以人臉的五官作為模型，經過機器學習後辨識出來，使用時畫面會出現「人臉偵測中」，並以白色框及座標來標示人臉，不限定人數、但是環境的光線會影響辨識效果，請留意！

二、口罩偵測

配合疫情時事，以人臉模型和配戴口罩的人臉模型做出的口罩偵測，使用時畫面會出現「口罩偵測中…」，您可以試試它的辨識效果準不準確。

- 當偵測到人臉配戴口罩，顯示綠色的「安全」。
- 當偵測到人臉未配戴口罩，顯示紅色的「警告！」。

三、小怪獸追蹤

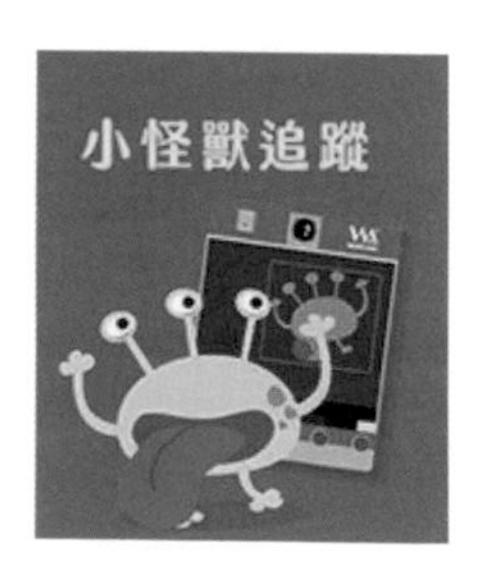

採用「物件追蹤」的技術辨識並追蹤 4 隻小怪獸，根據畫面中的小怪獸顏色顯示其色框，不限定數量、但是環境的光線會影響到辨識效果，請留意！

四、語音互動

基於「語音辨識」的原理實作之語音互動，使用前須如下頁的圖裝好喇叭（接頭有防呆裝置不必擔心接錯），開發板右下紅框處請不要插入記憶（SD）卡，以免無聲音。

只要對著 Web:AI 說出「你好嗎？」、「自拍」、「你是誰？」，就會做出三種不同的互動效果。

- **你好嗎？**

  LCD 螢幕隨機顯示 1 隻小怪獸及情緒，並發出對應的音效。

- **自拍**

  開發板開啟攝影鏡頭，對自己拍一張照片並顯示在 LCD 螢幕。

- **你是誰？**

  夢想成為科技教具的 Web:AI 會自我介紹給大家聽！

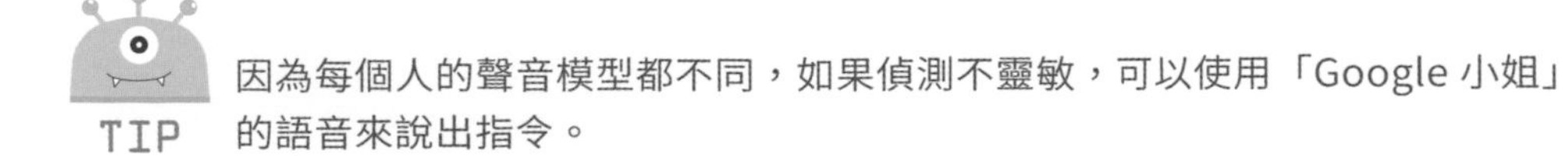

TIP 因為每個人的聲音模型都不同，如果偵測不靈敏，可以使用「Google 小姐」的語音來說出指令。

五、登月小車追蹤小怪獸

登月小車結合「物件追蹤」技術，辨識 4 隻小怪獸的圖卡，讓 LED 發出對應顏色的光，並依據 LCD 螢幕中小怪獸的位置來控制車子前進、左轉及右轉（使用時必須購買「登月小車」及組合才能夠操作，若沒有者可略過此部份）。

六、萬用遙控器控制登月小車

「Webduino 萬用遙控器」可以直接滑動網頁中的圖案控制小車移動，其步驟如下：

1. 使用開發板掃描「萬用遙控器控制小車」QRCode，進入操作模式，此時會看到螢幕顯示 QRCode 及「請用手機掃描」。

NOTE 使用時必須連接 Wi-Fi 及有「登月小車」才能操作，若沒有者可略過此處。

2. 使用手機掃描螢幕上的 QRCode，進入「Webduino 萬用遙控器」（或輸入網址 https://s.webduino.io/mooncar）。

3. 點擊右上角選單按鈕，開啟設定畫面。

4. 在「發送」欄位輸入 Device ID/PING。例如：Device ID 為 1a23b4，則是輸入 1a23b4/PING，PING 必須大寫。

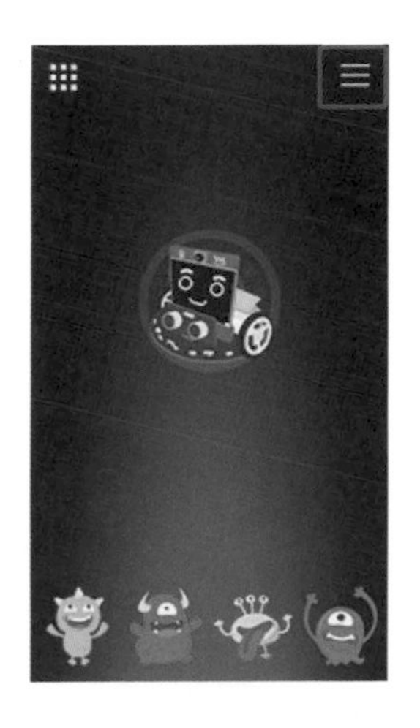

5. 輸入完畢後，點擊右上角「×」符號關閉，即可滑動中央的圖案來操控小車移動。

1-3 Webduino 教育平台

Web:AI 的程式開發可以透過『程式積木』平台或『MaixPy IDE』軟體來撰寫，本書的內容主要是帶領初學者用最簡單的方式以「運算思維做問題之解決」，內容將介紹如何使用「程式積木」來體驗程式邏輯，請依下列步驟進入。

1. 在官網點選右上角「Web:AI 入口」（或按下初始化設定畫面中的「教育平台 GO」），使用「註冊」或輸入「Google/FB 帳號及密碼」，並按下「同意授權」後登入。

2. 將螢幕畫面往下拉至中間，就會看到如下三個部份。

- **Web:AI 程式積木**

  像玩積木一樣的堆疊、組合，就可以學程式。適合初學者。

- **Webduino 影像訓練平台**

  人工智慧「影像分類」及「物件追蹤」訓練用。

- **MaixPy IDE 下載**

  撰寫 Python 程式碼開發用，適合進階使用者。

1-3-1 Web:AI 程式積木

點選「Web:AI 程式積木」進入 Webduino 開發的【線上】撰寫程式平台，它使用最容易上手的圖形化積木，配上 Web:AI 最新功能，讓所有對物聯網及 AI 工智慧有興趣的朋友都能夠快速體驗樂趣，其畫面介紹如下：

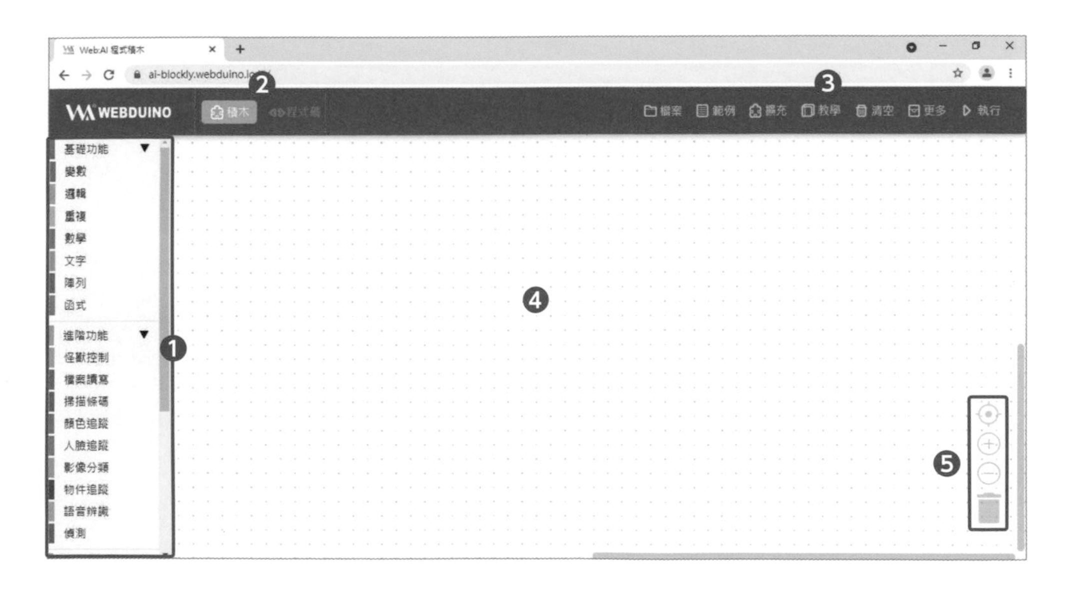

❶ 積木清單

包含「基本功能、進階功能、Web:AI 和擴充功能」四大類積木。

❷ 積木 / 程式碼切換

將寫好的程式轉換為 Python 程式，讓學習程式更簡單。

❸ 主功能選單

- 檔案：開啟、儲存 json 檔，以及將積木做成網址分享。
- 範例：多種現成的積木範例，可以直接打開使用。
- 擴充：具有特殊功能的積木，可以選擇加入使用。
- 教學：前往教學手冊（適合自主學習）。
- 清空：將積木編輯區的積木全部清除。
- 更多：包含 Wi-Fi 設定、網頁互動區、進入商城、下載安裝版、切換語言。
- 執行：將積木編輯區的積木程式部署至 Web:AI 開發板中離線運行。

❹ 積木編輯區

所有程式積木的堆疊、組合都會在這個區域內進行。

❺ 功能按鈕

夠快速還原（●）、放大（+）、縮小（-）畫面或刪除（🗑）積木。

TIP

- 「**程式積木**」泛指所有積木的總稱。
- 「**積木**」是指單一功能的圖形化指令。

1-3-2 程式積木版本

Web:AI 程式積木分為「線上版」和「安裝版」兩種。除了安裝版無「分享」功能外，使用上功能幾乎相同，讀者可以選擇符合自己需求的版本。線上版是在 Chrome 瀏覽器執行，必須有網路才可以操作，不支援 USB 連線；安裝版目前僅限定在 Windows 系統使用，可以在沒有網路的環境下來操作，可透過 Wi-Fi 或 USB 進行程式部署至開發板，其過程如下：（書中範例採用線上版連接筆電的行動熱點，以「Wi-Fi」部署）

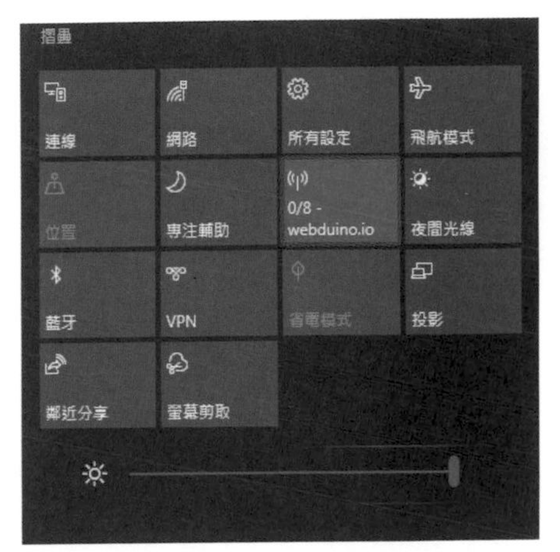

1-3-3 第一支程式

我們來做一個在開發板的 LCD 螢幕上顯示「Hello World」訊息，操作步驟如下：

1. 拖曳 Web:AI/ 開發板 / **【使用 Wi-Fi 控制】**積木至編輯區內。

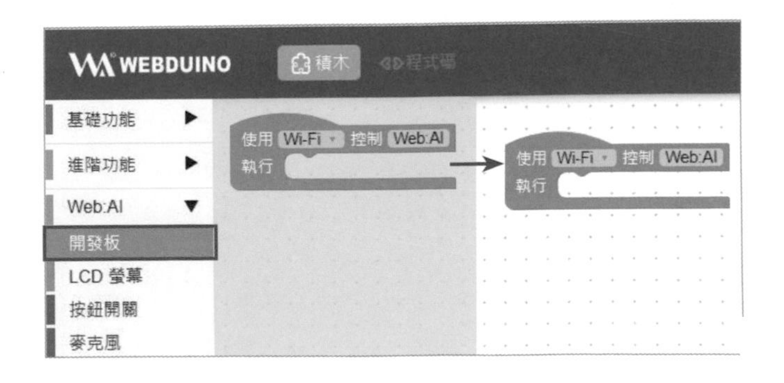

2. 開發板開機連接 Wi-Fi，請記下「Device ID」，將它填入箭頭處。

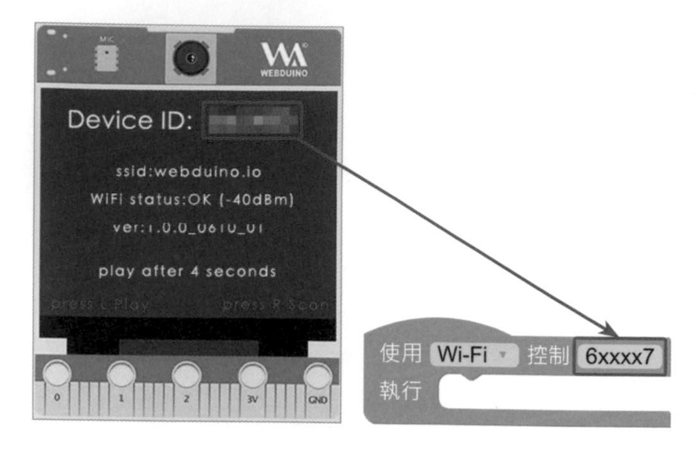

3. 拖曳 Web:AI/LCD 螢幕 / **【LCD 顯示文字】**積木至**【使用 Wi-Fi 控制】**內。

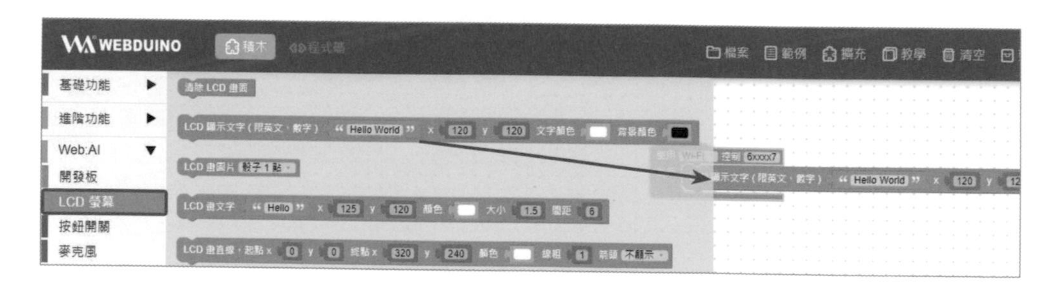

4. 按下右上角「執行」，即可透過雲端部署到 Web:AI 中，此時「程式積木」平台會出現「程式燒錄中…」，開發板則同步顯示「running…」。

5. 完成時，開發板會出現「Initialize…」表示正在載入並執行程式，之後就可以看到螢幕顯示「Hello World」。

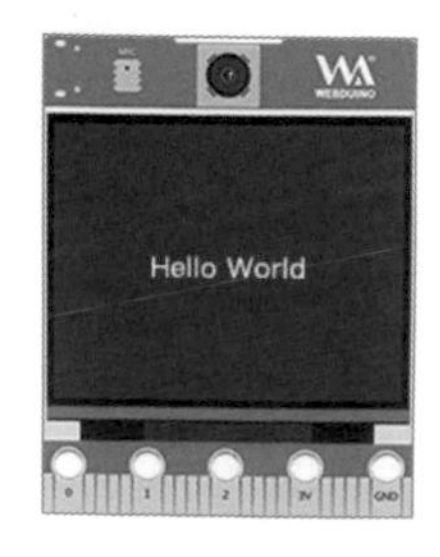

6 如果出現底下訊息，表示開發板沒連上「Wi-Fi」或 USB 沒接好，通常初學者遇到的是「Device ID」填錯或沒填，請檢查並連接即可。

7 如果出現底下訊息，表示開發板可能尚未開機完成或當機、斷線，請查看看情況。若確認是開發板當機，重開也沒反應，可以使用回復「預設狀態」來排除，其步驟如下：

- 通電後 " 按住 " Web:AI 開發板 L 按鈕。
- 再按下 Reset 按鈕。
- 當螢幕出現紅色全螢幕畫面，放開 L 按鈕，重新開機。
- 請依「1-1-3 初始化設定」重新設定 Wi-Fi。

1-4 運算思維與問題解決

運算思維，英文翻譯為「Computational Thinking」，意思是指用電腦的「輸出與輸入、資料、運算式、流程控制、事件及資料結構」等邏輯觀念來解決問題的思維模式，分別描述如下：

- 輸出與輸入：包括各種感測器及裝置的輸出與輸入。
- 資料：常數與變數的使用及其型態。
- 運算式：分成「算術、關係及邏輯」三種運算。
- 流程控制：包括「循序、選擇及重複」三種結構化設計。
- 事件：由使用者或感測裝置來觸發的模式。
- 資料結構：最常見的就是陣列（有的會以「列表」稱呼）。

1-4-1 核心能力

從 Google 的定義來看，運算思維分成下列四個核心能力，可部分或全部用上：

1. 問題拆解：將問題分解成較易處理的小問題。
2. 模式識別：觀察問題是否有相似的規律或趨勢。
3. 抽象化：專注在主要概念去識別相關資訊內容。
4. 演算法設計：發展解決問題的有效及有限性之步驟。

我們以一個「計算多邊形內角和」來說明運算思維的核心能力：

1. 問題拆解：將多邊形分解成一個一個的三角形。

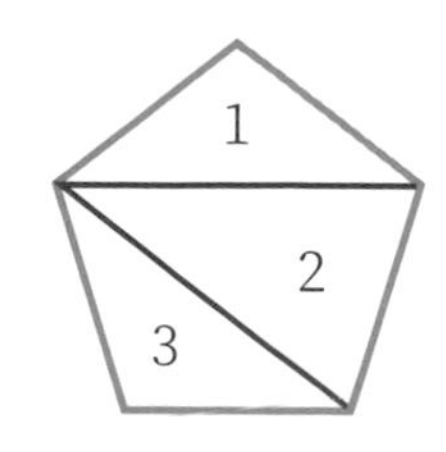

2. 模式識別：將三角形分割拼接後變成一條水平線，故其內角和為 180°。

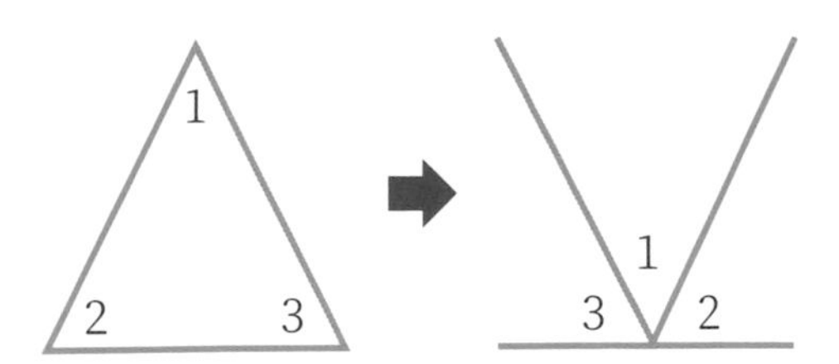

3. 抽象化：只專注在多邊形可以拆解成幾個三角形。
   - 三邊形有 1 個三角形
   - 四邊形有 2 個三角形
   - 五邊形有 3 個三角形
   - 依此類推…
4. **演算法設計**：n 邊形有 n－2 個三角形，其內角和為（n－2）×180。

1-4-2 結構化設計

運算思維會透過「文字描述」、「流程圖」或「程式語言」…來呈現其結果，其中以流程圖表示最為淺顯易懂，底下將介紹幾個常見的流程圖符號，以便讀者在往後章節了解表達的意思。

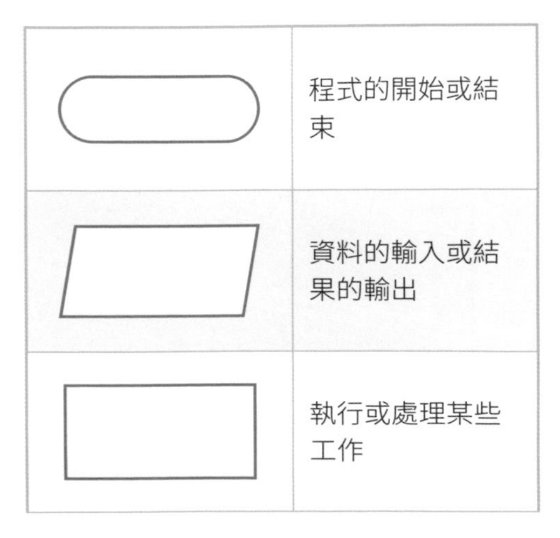

符號	說明
（圓角矩形）	程式的開始或結束
（平行四邊形）	資料的輸入或結果的輸出
（矩形）	執行或處理某些工作

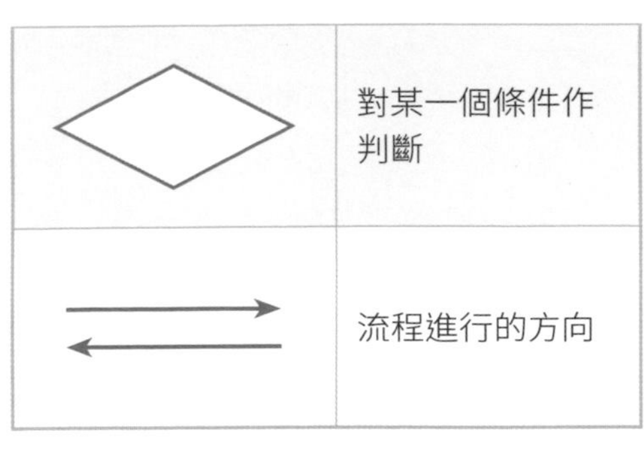

符號	說明
（菱形）	對某一個條件作判斷
（箭頭）	流程進行的方向

為了讓我們的問題結構清晰、易於了解及解決，最常使用的技巧是結構化設計，包括「循序」、「選擇」及「重複」三種結構，可以組合使用。

- **循序**：「按先後次序一步一步地進行」，如各個教育階段、食譜做菜步驟、遊戲關卡順序、醫院看診流程、依序排隊買票⋯等，任何積木只要由上而下依序地執行都可組成**循序**結構。

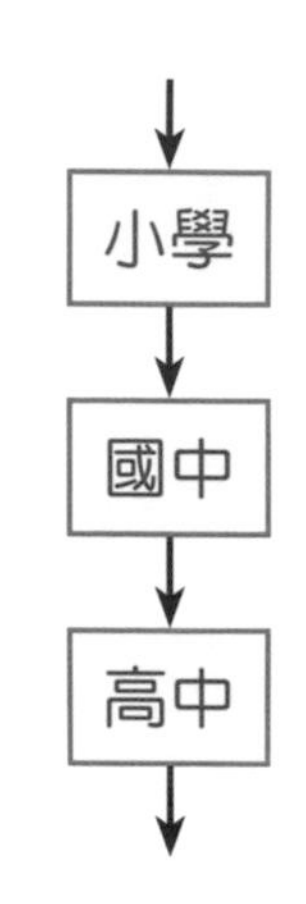

- **選擇**：「依據判斷的內容來決定進行方向」，如升學進路發展、手機品牌選擇、醫師看診開藥、交通號誌判斷、旅遊景點決定⋯等，常用**【如果】**積木來表示**選擇**結構。

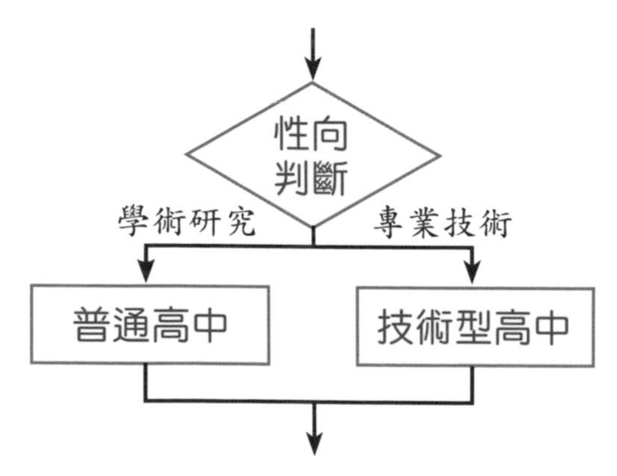

- **重複**：「反覆的做一系列步驟」，如修畢拿到證書、玩遊戲到破關、自然界水循環、每天固定作息、投履歷找工作⋯等，常用**【重複無限次】**積木來表示**重複**結構。

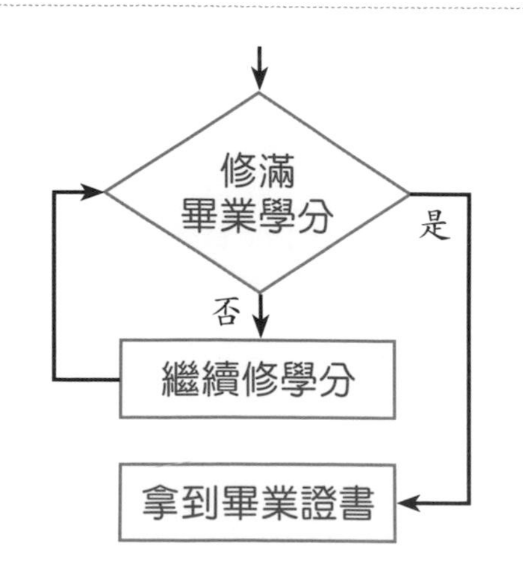

1-4-3 常用解題思維

- **循序 - 選擇 - 重複**：這三種結構可以單獨存在或組合使用，底下範例為「重複 - 循序 - 選擇」（【重複無限次】、【如果】位於基礎功能 / 重複、邏輯）。

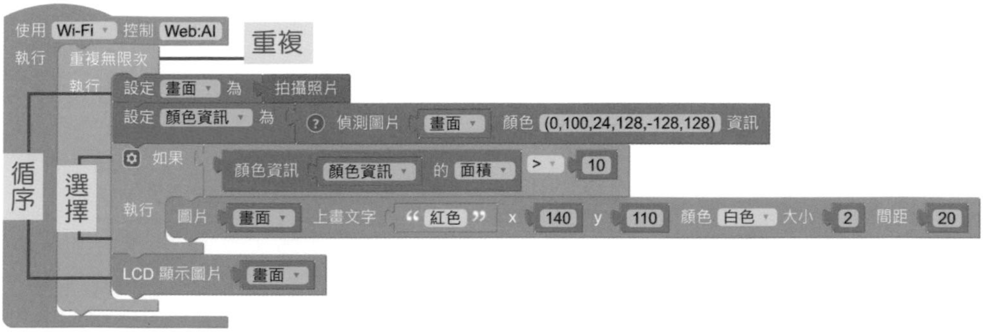

使用 Wi-Fi 控制 Web:AI
執行 重複無限次
重複
執行 設定 畫面 為 拍攝照片
設定 顏色資訊 為 偵測圖片 畫面 顏色 (0,100,24,128,-128,128) 資訊
如果 顏色資訊 顏色資訊 的 面積 > 10
循序
選擇
執行 圖片 畫面 上畫文字 “紅色” x 140 y 110 顏色 白色 大小 2 間距 20
LCD 顯示圖片 畫面

- **事件**：通常是由當「按鈕、滑鼠或語音辨識…」等積木所觸發，可以搭配上述結構組合使用，底下範例為「事件 - 循序」。

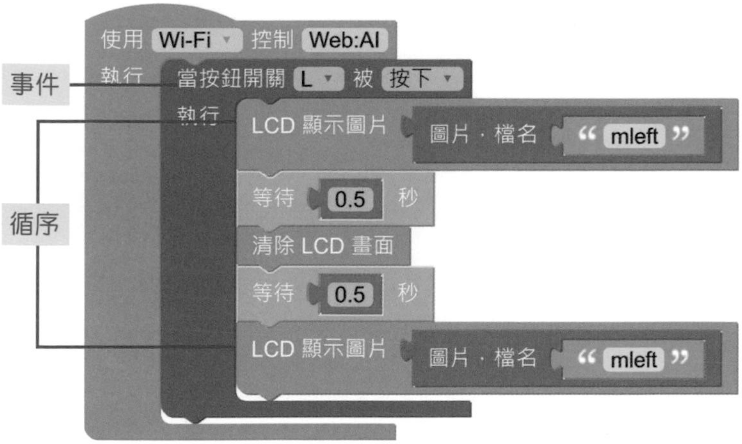

使用 Wi-Fi 控制 Web:AI
事件
執行 當按鈕開關 L 被 按下
執行 LCD 顯示圖片 圖片．檔名 “mleft”
等待 0.5 秒
循序
清除 LCD 畫面
等待 0.5 秒
LCD 顯示圖片 圖片．檔名 “mleft”

1-5 課後評量

1. Web:AI 開發板背面的「黃燈」亮與不亮，各代表什麼意思？
2. 請問 Web:AI 開發板如何「重新開機」及回復「預設狀態」？
3. Webduino 教育平台內有哪些功能？
4. 說明 Web:AI 程式積木的「線上版」與「安裝版」有什麼不同？
5. 請用「LCD 顯示文字」積木在開發板的螢幕中央顯示「Webduino Web:AI」。
6. 說明 Google 運算思維的四個核心能力，並舉例。
7. 請繪出常用的「循序、選擇及重複」三種結構化設計流程圖。

	A	B	C	D
1	快樂國小-資訊教室			
2	日期	時間	姓名	
3	2021/7/4	18:08:54	快樂國小王胖虎	
4				
5				
6				
7				
8				
9				

根據維基百科的記載，台灣早在民國八十幾年開始就能夠以二維條碼申報所得稅、乘坐高鐵也可以智慧型手機購票後下載條碼感應通關、農委會推廣的生產履歷機制，讓民眾掃描便能看到產品的生產資訊、還有行政院因應疫情而建置的「實聯制」系統…在在都說明 QRCode 的生活應用之普及。本章將介紹 Web:AI 的掃描條碼功能，結合陣列、文字的處理與 Google 試算表，實作出「名片掃描」的小專題。

2

QRCode 名片掃描

- LCD 螢幕
- 掃描條碼、QRCode 產生器
- Google 試算表、陣列與文字
- QRCode 名片掃描

2-1 LCD 螢幕

Web:AI 內建 2.3 吋 LCD 螢幕，解析度為 320×240，可以配合感測器、按鈕開關…等相關硬體，將執行結果顯示在螢幕上。積木位於「Web:AI/LCD 螢幕」。

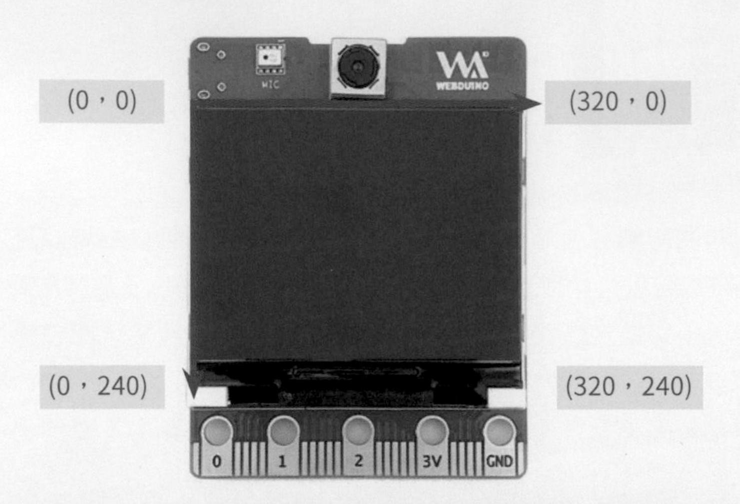

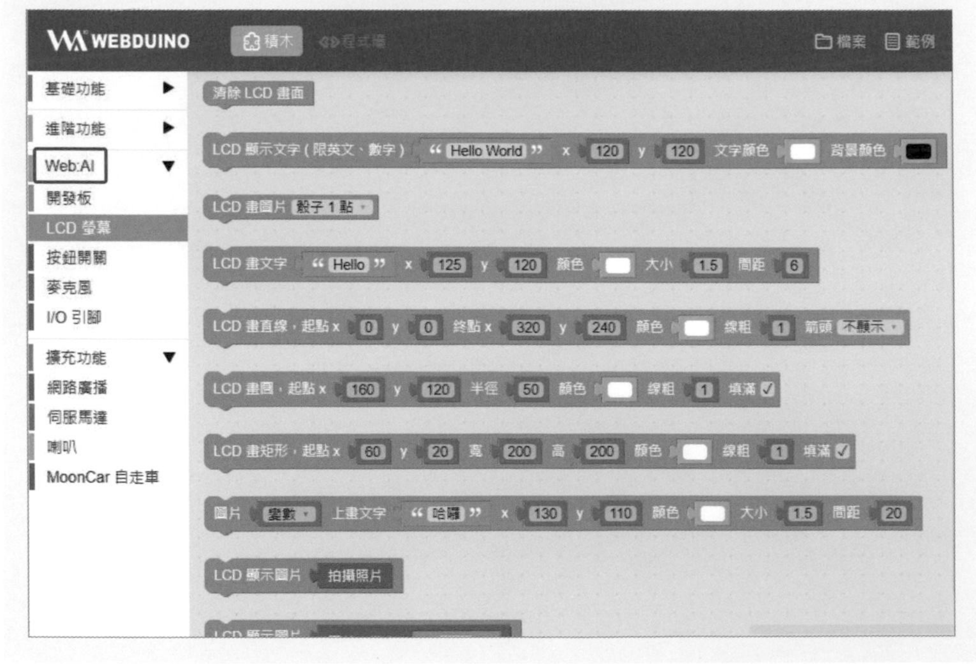

2-1-1 文字顯示

1 【LCD 顯示文字】在 LCD 螢幕顯示指定的英文、數字，無法顯示中文。

LCD 顯示文字 (限英文、數字) " Hello World " x 120 y 120 文字顏色 背景顏色

2 【LCD 畫文字】將 LCD 螢幕以畫布方式繪出指定的文字（含中文），不能調背景顏色，但可改變字型大小、間距（注意：會先清除【LCD 顯示文字】的內容）。

LCD 畫文字 " Hello " x 125 y 120 顏色 大小 1.5 間距 6

3 【清除 LCD 畫面】將 LCD 螢幕畫面清除，方便執行後續步驟。

範例練習 顯示「Hello World」，2 秒後再顯示「大家好 !」。

請填寫你的 Device ID

使用 Wi-Fi 控制 6xxxx7
執行
LCD 顯示文字 (限英文、數字) " Hello World " x 120 y 60 文字顏色 背景顏色
等待 2 秒
LCD 畫文字 " 大家好! " x 125 y 140 顏色 大小 2 間距 20

循序

NOTE 注意畫文字積木會清除前面的英文字，只留下中文字；【等待】積木位於基礎功能 / 重複內。

2-1-2 繪圖

❶【LCD 畫直線】可以同時在螢幕中畫出「**多條**」直線，並可以設定線段的起點、終點、顏色、線粗、箭頭。

LCD 畫直線，起點 x 0 y 0 終點 x 320 y 240 顏色 線粗 1 箭頭 不顯示

❷【LCD 畫圓】可以同時在螢幕中畫出「**多個**」圓形，並可以設定圓形的位置、半徑、顏色、線粗、是否填滿。

LCD 畫圓，起點 x 160 y 120 半徑 50 顏色 線粗 1 填滿 ✓

❸【LCD 畫矩形】可以同時在螢幕中畫出「**多個**」矩形，並可以設定矩形的位置、寬高、顏色、線粗、是否填滿。

LCD 畫矩形，起點 x 60 y 20 寬 200 高 200 顏色 線粗 1 填滿 ✓

❹【LCD 畫圖片】內建了各種使用積木畫出的範例圖案，可以直接選用並顯示在螢幕上，不需要使用大量積木來畫出。

範例練習 畫出「雲的圖示」並在右上角打勾。

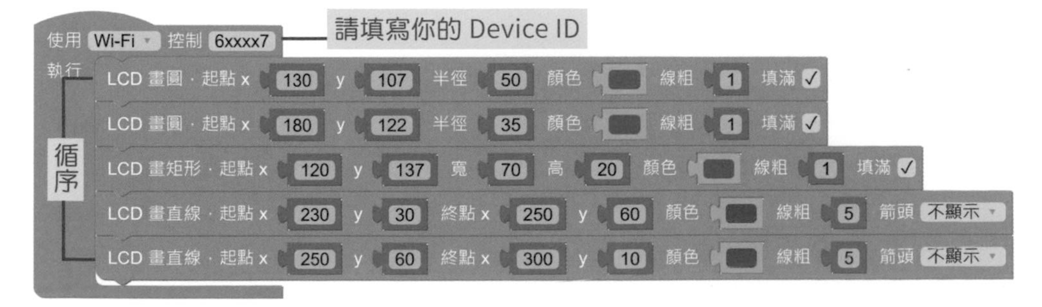

2-1-3 圖片顯示

1 【LCD 顯示圖片】可以讓 LCD 螢幕顯示出拍攝的圖片，或是存放在 Web:AI 開發板中的圖片，其中開發板預設的圖檔如下：(logo 表示顯示 Webduino Logo)

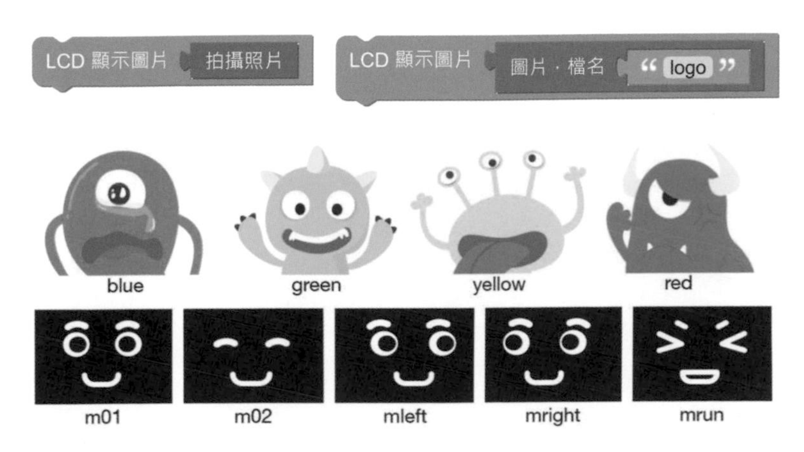

2 【圖片上畫文字】作用等同於【LCD 畫文字】，只是差別畫在變數或 LCD 螢幕。

範例練習 重複無限次拍照後顯示影像與「我想出去玩」的文字。

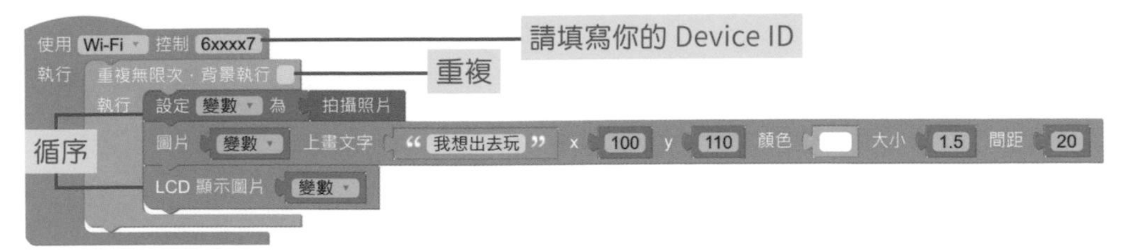

NOTE 【變數】積木位於基礎功能 / 變數內，【重複無限次】積木位於基礎功能 / 重複內。

2-2 掃描條碼

QRCode（Quick Response code）是二維條碼的一種，由日本 DENSO WAVE 公司發明，希望在條碼中放入更多的資訊，且可以快速被解碼，目前的應用範圍包括線上交易、產品履歷、交通票券、資料交換、實聯制…等。Web:AI 具備條碼掃描功能，能夠透過開發板上的鏡頭偵測條碼，並將條碼內容顯示在螢幕上。積木位於「進階功能 / 掃描條碼」。

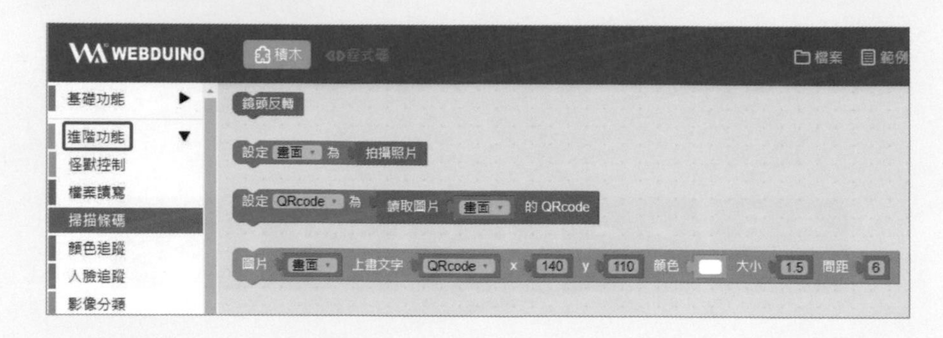

2-2-1 讀取圖片的 QRCode

【讀取圖片的 QRCode】能夠讀取圖片上的 QRCode 資訊，並透過【LCD 顯示圖片】顯示出來。

範例練習 開啟主功能選單「範例 / 掃描 QRCode」，將 x 值改為 10，作用為重複無限次拍照後讀取 QRCode 並顯示在螢幕上，請掃描廣告品或手機的二維條碼。

使用 Wi-Fi 控制 6xxxx7 —— 請填寫你的 Device ID
執行 重複無限次 —— 重複
執行 設定 畫面 為 拍攝照片
設定 QRcode 為 讀取圖片 畫面 的 QRcode
圖片 畫面 上畫文字 QRcode x 10 y 110 顏色 白色 大小 1.5 間距 6
LCD 顯示圖片 畫面
循序

2-2-2 QRCode 產生器

一般掃描的二維條碼是怎麼來的呢？請在 Google 搜尋「QRCode」，找到「Quick Mark」網站，這是一個線上免費 QRCode 產生器，我們打算使用通訊錄的「聯絡人 vCard」來製作個人名片管理，底下是其操作步驟：

1. 點擊通訊錄的「聯絡人 vCard」，將「姓」、「名」及「手機」三個欄位輸入。

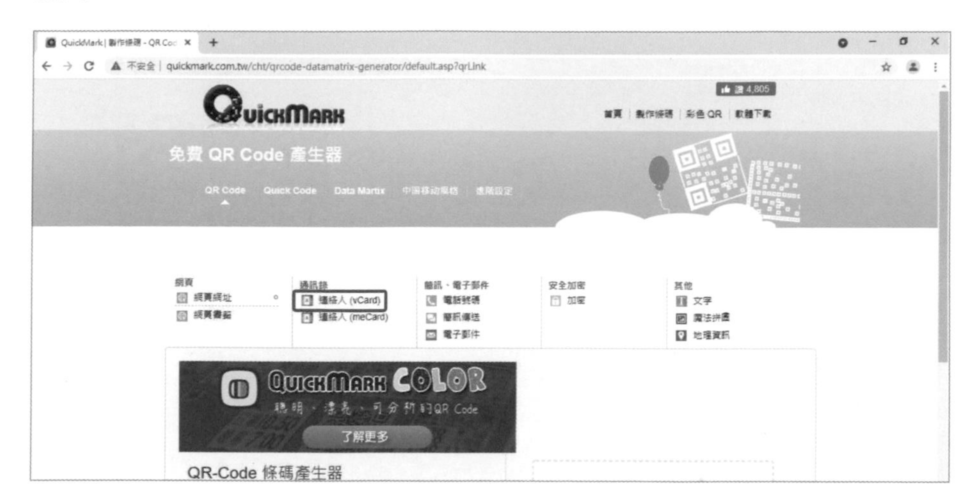

2. 把網頁拉到最底下，點擊「產生」按鈕，右方就會看到產生的 QRCode，如果輸入超過 9 個欄位的話，二維條碼將出現在網頁的最下方。

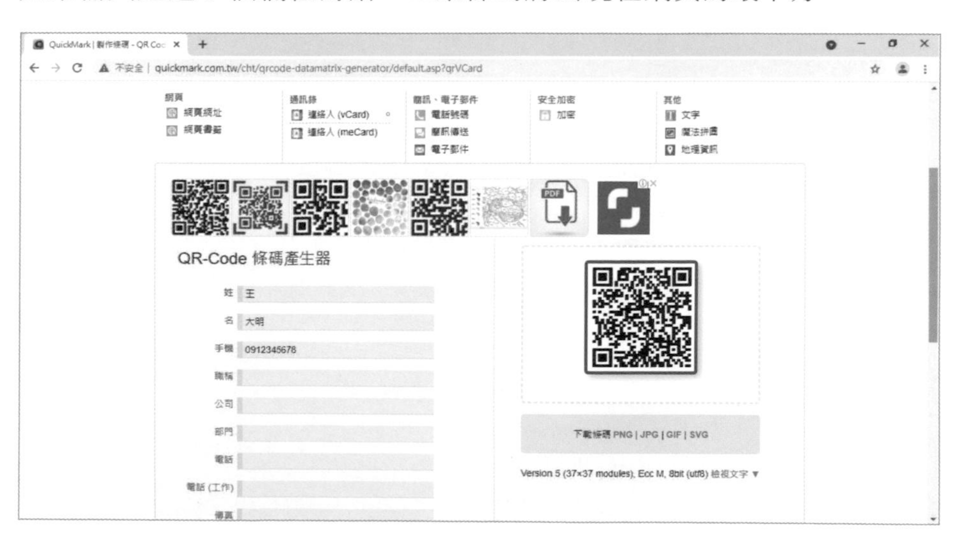

2-2-3 vCard

vCard 是電子名片的格式標準，以「**型別：值** [; 值]」來表示，常用於網路資料交換，可以包含有：姓名、電話、地址、職稱、網址、Email…等，副檔名為 .vcf。為幫助讀者了解其格式，我們先在網站輸入如下的資料，再按「檢視文字」，將其內容複製到底下方框內，從中發現「姓跟名」的型別為「N」，兩者資料以「;」區隔、「手機」的型別為「TEL;CELL」(有些平台會用 TEL;TYPE=CELL…，請留意)。

```
BEGIN:VCARD
VERSION:3.0
N:王;大明
TEL;CELL:0912345678
TEL;HOME:(02)12345678
ORG:台電;維修
TITLE:經理
EMAIL:ming@mail.elecxx.com.tw
URL:www.elecxx.com.tw
END:VCARD
```

2-3 Google 試算表

只需要簡單幾個步驟，就能將 Google 試算表當作資料庫，儲存各類感測器所接收到的訊號數值，或是透過開發板顯示試算表讀取的資料，但是您會發現在 Web:AI 程式積木清單中並沒有看到，我們要怎麼樣才能取得該積木呢？

1. 點選主功能選單的「擴充」。
2. 再選取「Google 試算表」，底下會出現「已經加入」字樣表示選取成功。

3. 在積木清單的「擴充功能」就可找到這個積木。

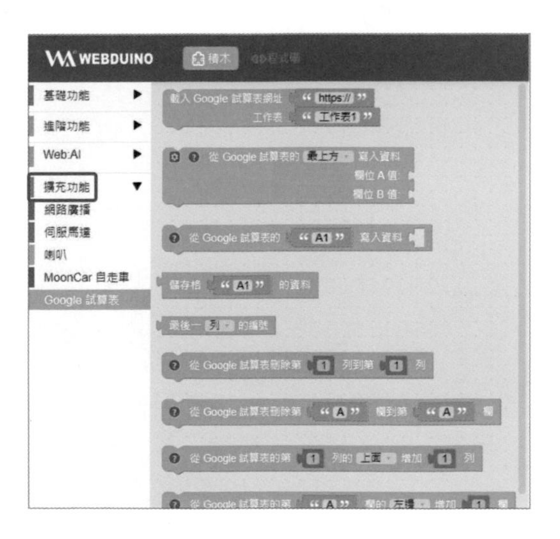

2-3-1 建立及設定 Google 試算表

1. 操作 Google 試算表之前，「**必須先建立試算表並設定權限**」，所以請先登入雲端硬碟，點選「新增」，再選「Google 試算表」。

2. 開啟試算表後，在左上方輸入試算表名稱如「test」，就能完成建立 Google 試算表的動作。「試算表」名稱表示整份的試算表，每份試算表內可以包含許多「工作表」，兩者可分別給予不同名稱。

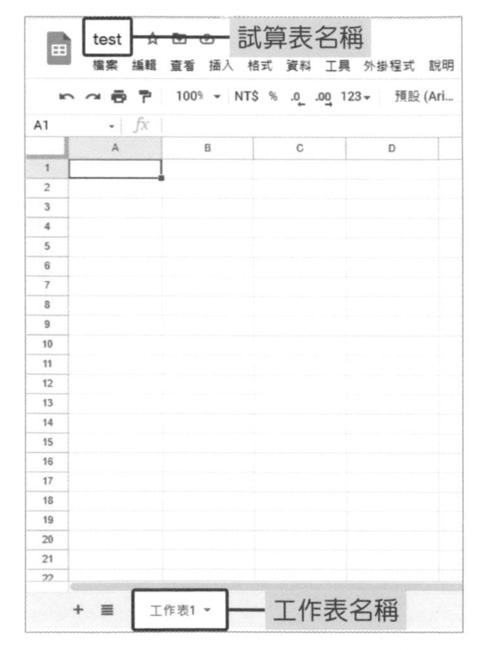

3. 點選試算表右上角的「共用」，設定試算表的權限。

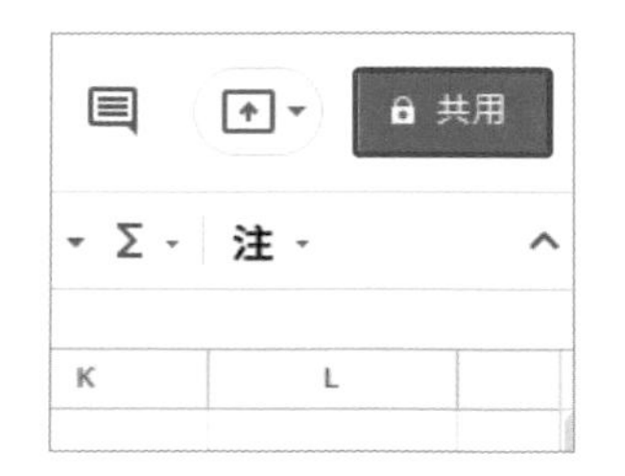

4. 點選「變更任何知道這個連結的使用者權限」，變更「只有已取得存取權的使用者可以透過這個連結開啟」的權限。

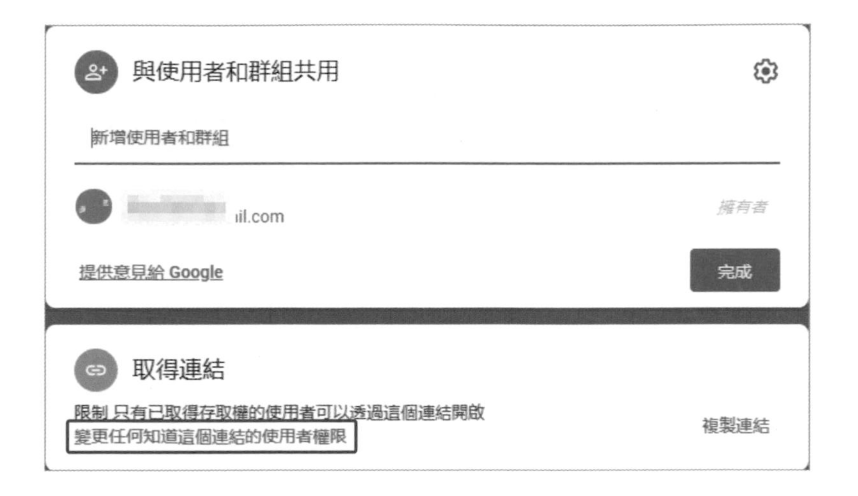

5. 先將 A「檢視者」改為「編輯者」，再點擊 B「複製連結」取得試算表網址，以便【試算表初始化】積木使用，最後按下「完成」即可。

2-3-2 Google 試算表積木清單

1. 【載入 Google 試算表網址】可以設定試算表的網址和工作表名稱，在操作試算表的任何功能之前，都需要先使用這個積木。「載入 Google 試算表網址」請填入上述步驟 5 複製的連結，「工作表」請填入上述步驟 2 的工作表名稱或使用預設值。

注意，請勿將「試算表」名稱填入「工作表」名稱的位置。

2. 【寫入資料】能夠將資料寫入試算表，並能指定從最上方或最下方寫入。

選積木前方的藍色小齒輪，可以增加欄位的數量。

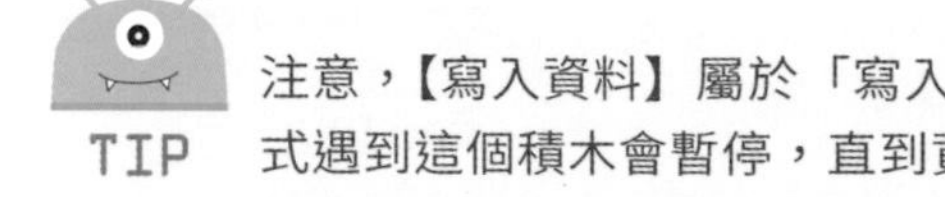

注意，【寫入資料】屬於「寫入資料後才會繼續執行後方的積木」，當執行程式遇到這個積木會暫停，直到資料寫入完成後才會再繼續，每次寫入時間依網路速度不同，大約 0.5 ～ 2 秒。

將入侵的訊息記錄在 Google 試算表中。

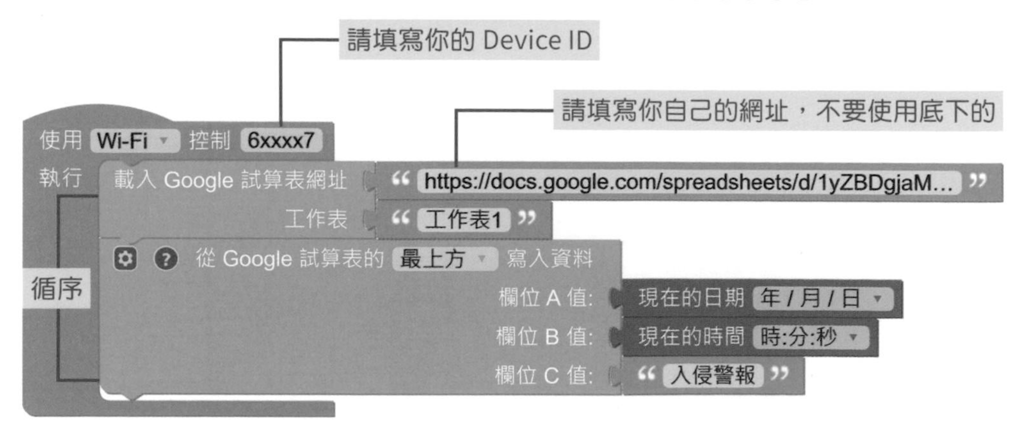

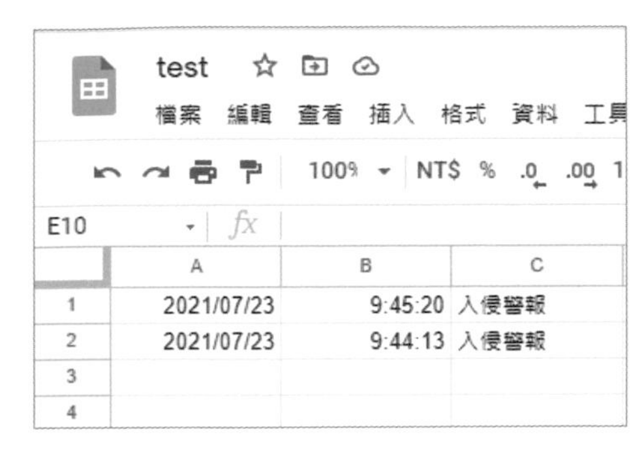

【現在的日期】、【現在的時間】積木位於「進階功能 / 偵測」，【文字】積木位於「基礎功能 / 文字」。

2-3-3 文字

文字積木除了可以顯示有意義的詞彙，也可以透過建立字串的方式把文字組合，或是取代某些字元處理。積木位於「基礎功能 / 文字」。

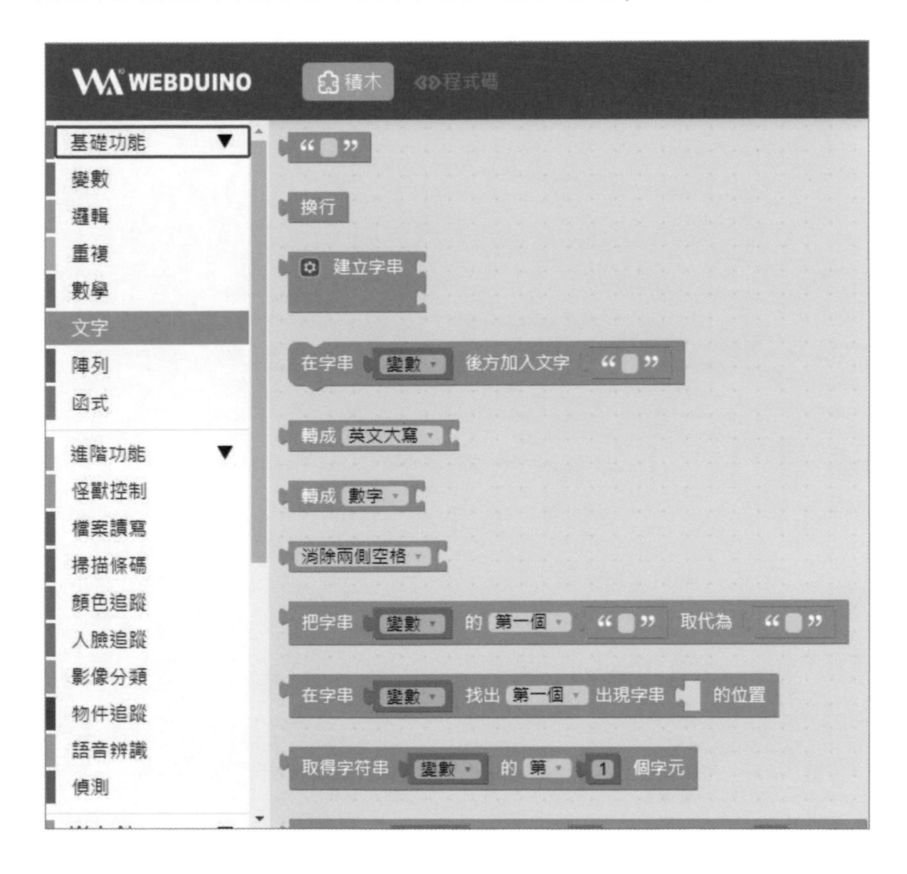

1 【文字】可以輸入指定的英文、數字，透過 LCD 螢幕顯示出來。

2 【建立字串】可以把不同的文字積木組合成一段文字。

建立字串

NOTE　點擊積木前方的藍色小齒輪，將「項目」積木加入字串組合中，可以增加文字的數量。

3 【把字串取代為】可以快速將一段文字裡的某些字，替換為其他的文字(可以選擇要更換第一個或全部指定的文字)。

4 【在字串找出】會回傳指定文字在一段文字中出現的位置，可以選擇第一個或最後一個出現的位置，沒有找到則傳回 0，一般用來找包含某個字串。

在字串　變數　找出　第一個　出現字串　的位置

範例練習　「' or 'a'='a」是常見的 SQL 隱碼攻擊手法，一般解決方式就是把單引號「'」取代掉，令其失去作用。

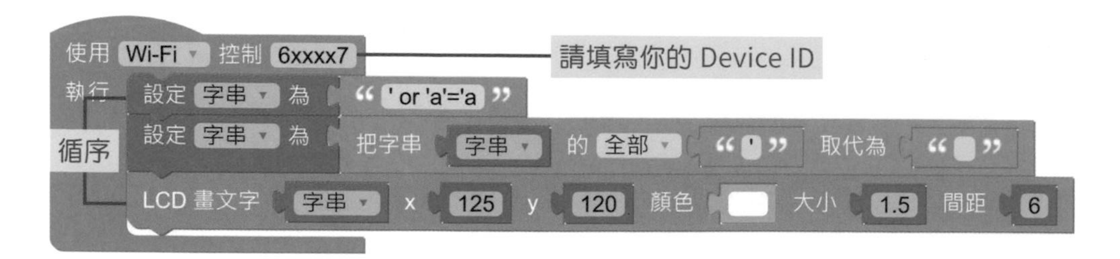

2-3-4 陣列

陣列可以將相同性質的數字、文字按照順序組合起來，這些按序排列資料集合就稱為陣列，就像高鐵列車有 12 節車廂，您根據車票的車廂號碼找到自己的座位。通常在進行比較複雜的資料處理時，會透過陣列的方式來實現，使用前必須先宣告，與變數作法一樣。積木位於「基礎功能 / 陣列」。

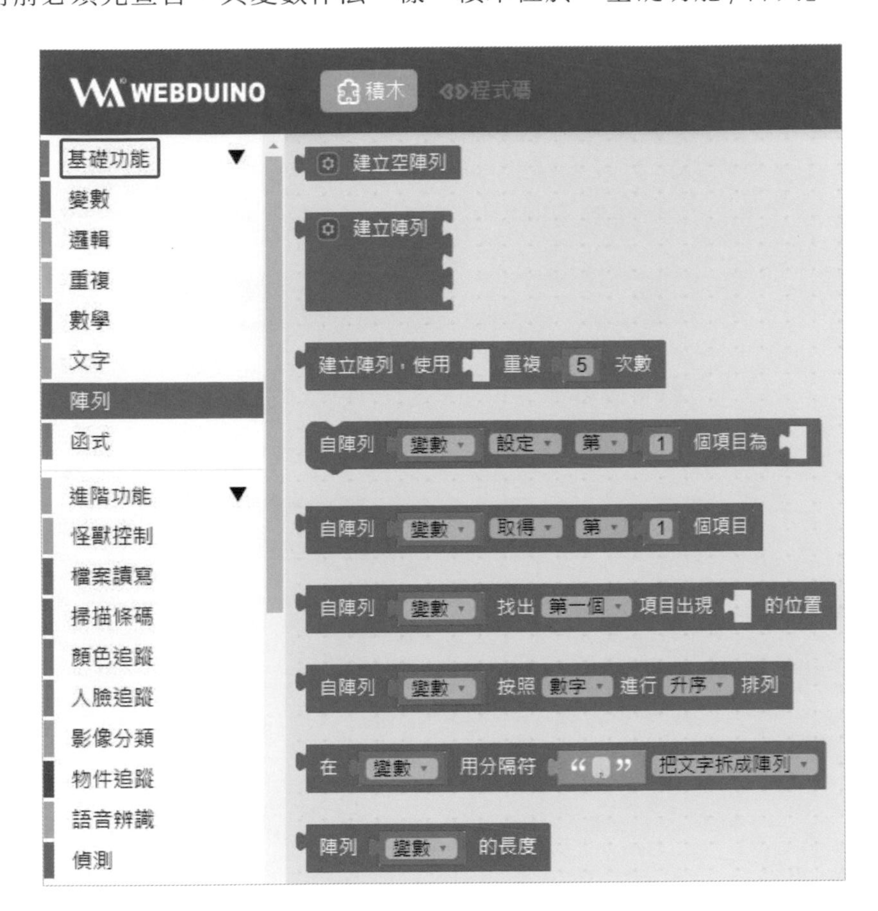

① 建立陣列：用來宣告陣列的初始值。

- 【建立陣列】透過指定位置放入對應的內容，建立一個帶有資料的陣列。

- 【建立空陣列】會建立一個裡面沒有包含任何項目的陣列。

建立空陣列

- 【建立陣列，使用重複】可以建立一個項目重複特定數量的陣列。

2 設定或取得陣列內容：

- 【自陣列設定】針對陣列的項目進行設定、插入或移除，項目取得方式包含：第幾個、倒數第幾個、第一個、最後一個和隨機。

自陣列 變數 設定 第 1 個項目為

- 【自陣列取得】取得陣列中某個項目的值、或是取得後同時移除，項目取得方式包含：第幾個、倒數第幾個、第一個、最後一個和隨機。

自陣列 變數 取得 第 1 個項目

3 文字與陣列轉換：

【在用分隔符】可以將帶有「分隔符」(類似空白、逗號、分號…等分隔符號）的文字轉換為陣列，或是將陣列合併為文字。

範例練習 ❶把 apple、banana、orange 建立陣列，再❷將第 2 個項目改為「cherry」，接著❸把陣列合併為文字顯示，最後❹取出陣列第 3 個項目。

使用 Wi-Fi 控制 6xxxx7 —— 請填寫你的 Device ID

循序

執行
❶ 設定 水果 為 建立陣列 "apple" "banana" "orange"
LCD 畫文字 水果 x 25 y 20 顏色 大小 1 間距 4
❷ 自陣列 水果 設定 第 2 個項目為 "cherry"
LCD 畫文字 水果 x 25 y 60 顏色 大小 1 間距 4
❸ 設定 名稱 為 在 水果 用分隔符 "," 把陣列合併為文字
LCD 畫文字 名稱 x 25 y 100 顏色 大小 1 間距 4
❹ 設定 名稱 為 自陣列 水果 取得 第 3 個項目
LCD 畫文字 名稱 x 25 y 140 顏色 大小 1 間距 4

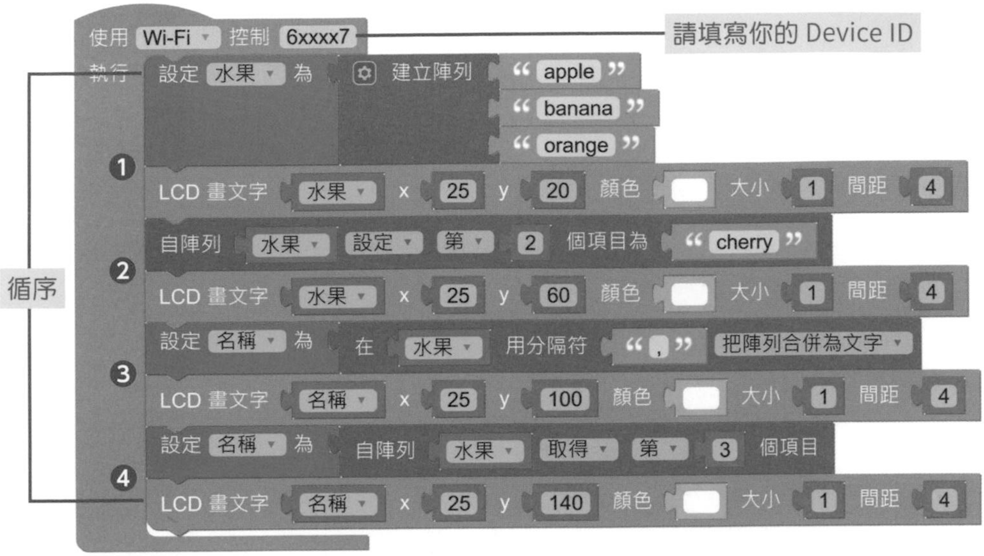

執行結果如下：

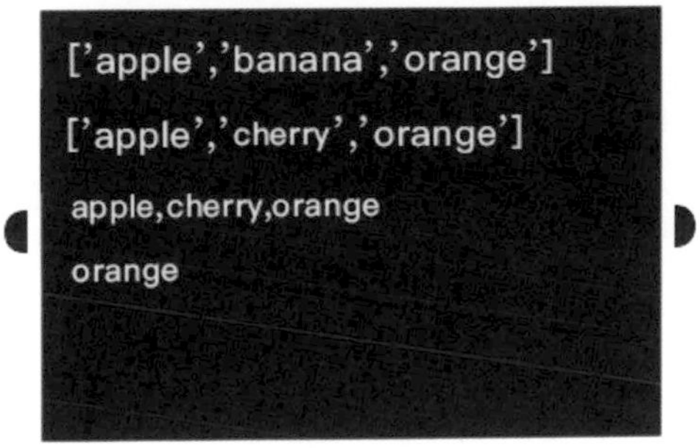

['apple','banana','orange']
['apple','cherry','orange']
apple,cherry,orange
orange

2-4 QRCode 名片掃描

「名片掃描」是以 Web:AI 開發板上的鏡頭來掃描 vCard 格式之 QRCode，再將資料內容解析出「姓名及手機」後儲存到 Google 試算表，其流程如下：

2-4-1 儲存掃描的 QRCode

為了簡化「名片掃描」的問題，我們先將「問題拆解」成兩個部份：一是將掃描的 QRCode 儲存至 Google 試算表（因 LCD 螢幕積木無法一次顯示多行資料），一是解析 QRCode 的資料格式。這個小節先來進行「掃描及儲存」，其流程圖如下：

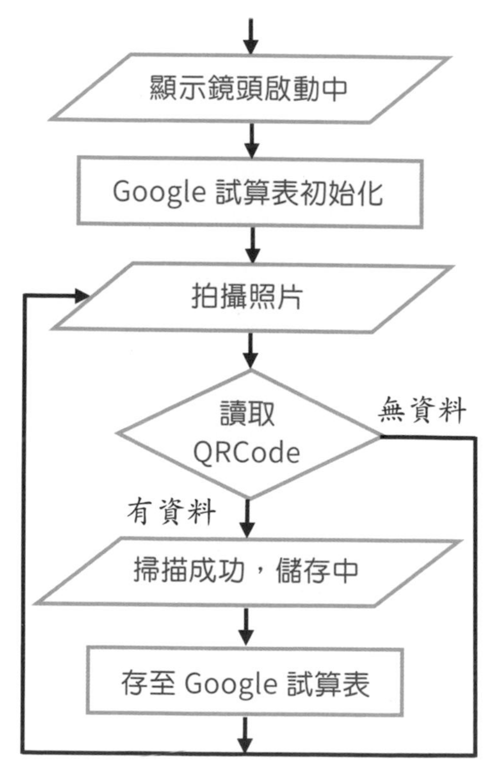

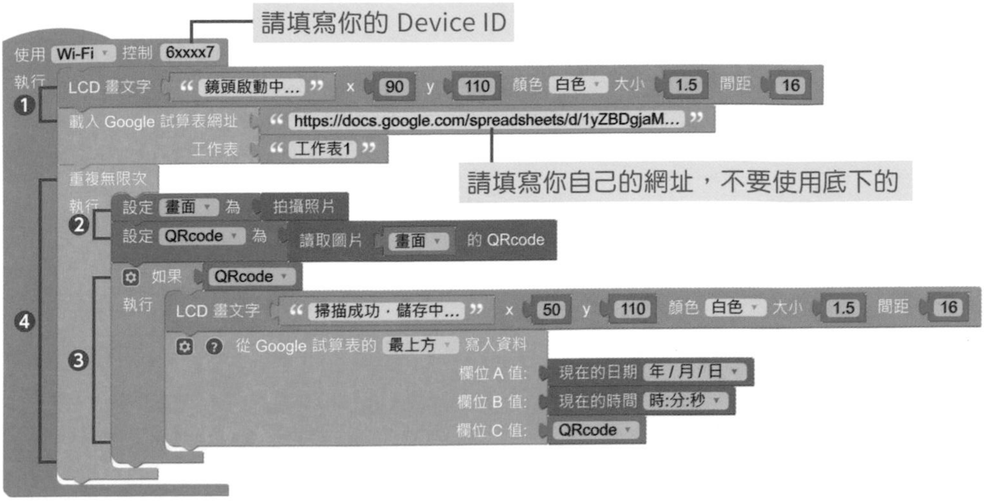

請填寫你的 Device ID

使用 Wi-Fi 控制 6xxxx7
執行
❶ LCD 畫文字 "鏡頭啟動中..." x 90 y 110 顏色 白色 大小 1.5 間距 16
載入 Google 試算表網址 "https://docs.google.com/spreadsheets/d/1yZBDgjaM..."
工作表 "工作表1"

請填寫你自己的網址，不要使用底下的

❹ 重複無限次
執行
❷ 設定 畫面 為 拍攝照片
設定 QRcode 為 讀取圖片 畫面 的 QRcode
❸ 如果 QRcode
執行 LCD 畫文字 "掃描成功，儲存中..." x 50 y 110 顏色 白色 大小 1.5 間距 16
從 Google 試算表的 最上方 寫入資料
欄位 A 值: 現在的日期 年/月/日
欄位 B 值: 現在的時間 時:分:秒
欄位 C 值: QRcode

程式解說

❶ 顯示「鏡頭啟動中…」訊息及 Google 試算表初始化。

❷ 拍攝照片及讀取圖片的 QRCode 放至變數 QRcode。

❸ 如果有掃描到 QRCode 則顯示「掃描成功，儲存中…」及存至 Google 試算表。

❹ 無限重複❷～❸的動作。

程式執行時會先顯示「鏡頭啟動中…」，接著在畫面出現白色方框及「Scan QRCode」字樣，此時您可以將 2-2-2 產生的二維條碼對準方框掃描，成功後螢幕會顯示「掃描成功，儲存中…」，待畫面回到「Scan QRCode」表示儲存完成，您可以在 Google 試算表看到如下的內容。

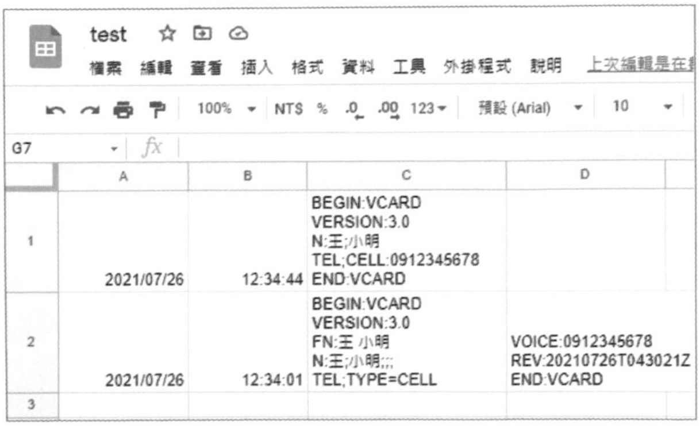

test
檔案 編輯 查看 插入 格式 資料 工具 外掛程式 說明 上次編輯是在
100% NT$ % .0 .00 123 預設 (Arial) 10
G7

	A	B	C	D
1	2021/07/26	12:34:44	BEGIN:VCARD VERSION:3.0 N:王;小明 TEL;CELL:0912345678 END:VCARD	
2	2021/07/26	12:34:01	BEGIN:VCARD VERSION:3.0 FN:王 小明 N:王;小明;;; TEL;TYPE=CELL	VOICE:0912345678 REV:20210726T043021Z END:VCARD
3				

2-4-2 解析 vCard 格式

我們分別使用 Ⓐ「http://www.quickmark.com.tw」及 Ⓑ「http://qr.calm9.com」網站來產生二維條碼，欄位輸入「姓」、「名」及「手機」，經過 2-4-1 小節掃描後的結果如下，透過運算思維之「模式識別」得知：

姓、名 → Ⓐ N: 王 ; 小明 Ⓑ N: 王 ; 小明 ;;;	➡	型別 N 兩個網站都相同，只要把「;」去除即可得到「王小明」。
手 機 → Ⓐ TEL;CELL:0912345678 Ⓑ TEL;TYPE=CELL VOICE:0912345678	➡	兩個網站的型別有差異，我們以含有「CELL」來取得「:」後的資料「0912345678」。

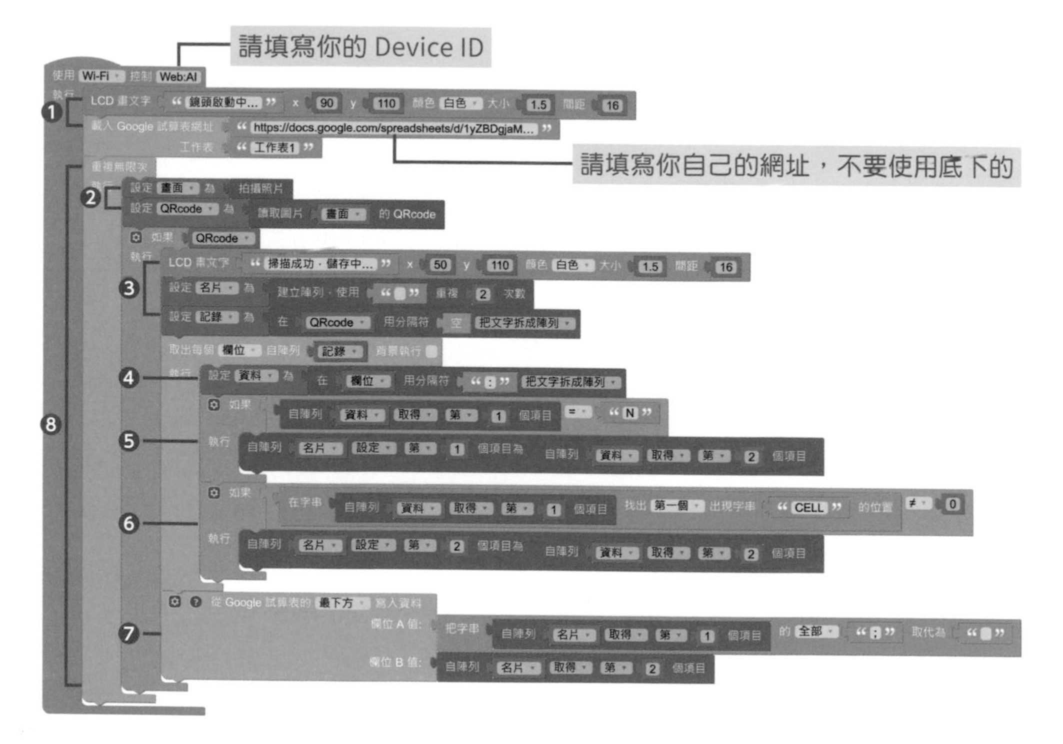

程式解說

❶ 顯示「鏡頭啟動中…」訊息及 Google 試算表初始化。

❷ 拍攝照片及讀取圖片的 QRCode 放至變數 QRcode。

❸ 如果 QRCode 有掃描到顯示「掃描成功，儲存中…」及宣告「名片」陣列，再將 QRcode 變數內容拆解成「記錄」陣列，也就是說每列資料為一個元素。

❹ 從「記錄」陣列讀取一個元素至變數「欄位」，並將內容拆解成「資料」陣列。

❺ 如果型別為「N」，則取得「資料」陣列第 2 個項目，也就是「姓、名」的資料儲放至「名片」陣列的第 1 個項目。

❻ 如果型別包含「CELL」內容，則取得「資料」陣列第 2 個項目，也就是「手機」的資料儲放至「名片」陣列的第 2 個項目。

❼ 將「名片」陣列的第 1 個項目去除「;」及「名片」陣列的第 2 個項目存至 Google 試算表。

❽ 無限重複❷～❼的動作。

2-5 課後評量

1. 請在 Web:AI 開發板的螢幕上繪出一個如下的笑臉圖案（提示：先畫藍色大圓及白色中圓，再以藍色矩形覆蓋部份中圓，最後畫兩個白色小圓）。

2. 請將下列 4 個圖案依序每 1 秒切換循環的方式在 Web:AI 螢幕顯示。

3. 請問下列兩個積木在寫入到 Google 試算表時有什麼差別？

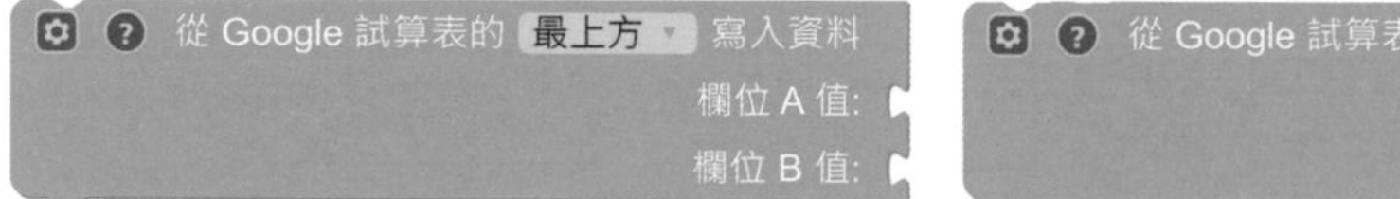

4. SQL 語法的註解符號因為資料庫版本不同而有三種（「/*」、「--」及「#」），請撰寫積木程式將這些字元過濾掉，避免網站被入侵。

5. 請將 2-4-1 積木程式用「循序、選擇及重複」三種結構來標示。

6. 請設計一個可以掃描 QRCode 後，記錄當下的「日期、時間、姓名、手機及 email」之簽到系統（請用 Quick Mark 網站以 vCard 產生「姓名、手機及 email」的二維條碼）。

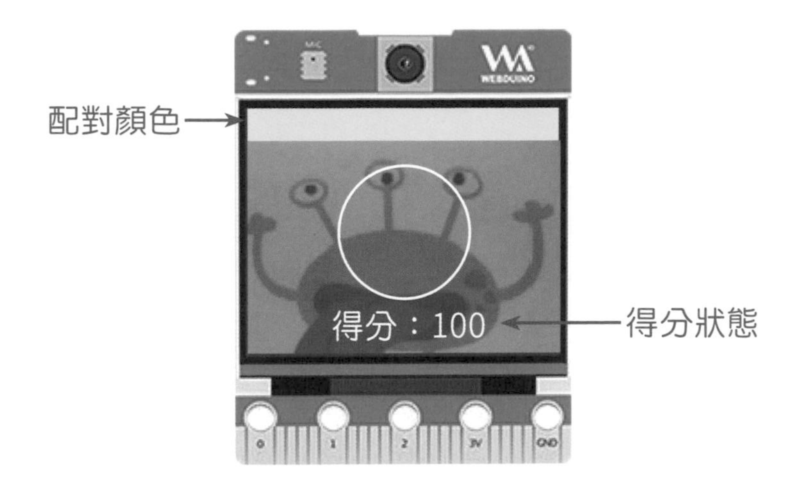

顏色和形狀是每個小朋友認識這個世界的開始，透過物體的形狀與顏色配對，可以發展孩子的觀察力、判斷力以及動手作的能力，進而刺激大腦的細胞。

我們以 Web:AI 開發板內附的小怪獸卡，結合「顏色追蹤」的功能，先將小怪獸卡逐一經過「WEBDUINO 選色器」篩選要配對的顏色，搭配記憶（SD）卡及外接喇叭，實作一個簡單讓幼兒園孩童玩的「顏色配對遊戲」。

如果讀者學習完本章內容，可以將小怪獸卡改成家中形狀簡單的玩具，最好是顏色與形狀均不相同，然後重新使用「WEBDUINO 選色器」篩選，這樣遊戲便能兼具顏色與形狀的認知。

3 顏色配對遊戲

- 按鈕開關、亂數及函式
- 麥克風（SD 卡）、喇叭
- 顏色追蹤、選色器
- 顏色配對遊戲

3-1 按鈕開關、亂數及函式

Ⓐ Web:AI 開發板的左右兩側，預設了兩顆「按鈕開關」，名稱分別為「L」及「R」，經由開關的操控，可以做到不同情境的觸發。積木位於「Web:AI / 按鈕開關」。

Ⓑ 亂數是設計遊戲時經常用到的功能，透過產生不可預期的數字來增加遊戲的趣味性，如骰子點數、撲克牌花色和點數⋯等。積木位於「基礎功能 / 數學」。

Ⓒ 函式的功能一般是用來簡化或管理重複的程式碼。積木位於「基礎功能 / 函式」。

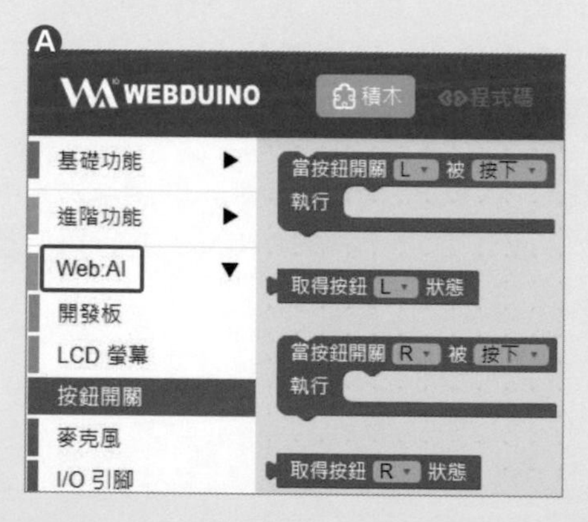

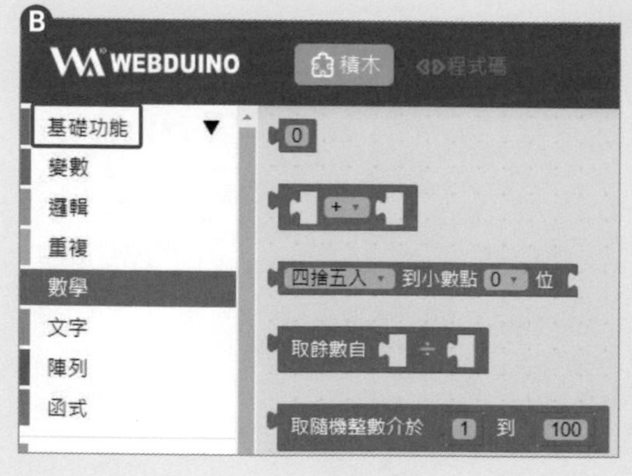

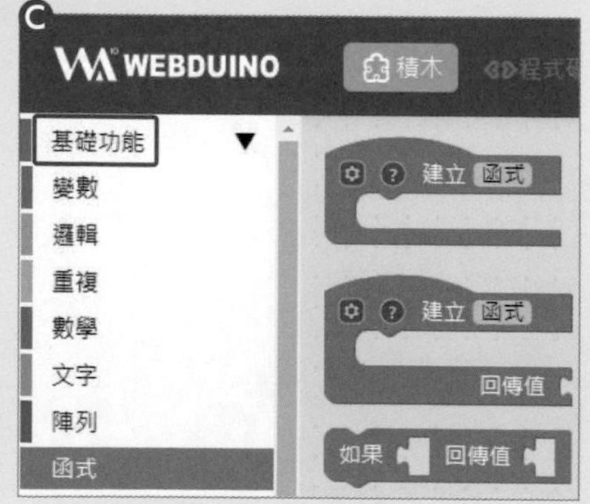

3-1-1 當按鈕開關

【當按鈕開關】可以指定「按下、放開、長按」三種開關行為，三種行為可分別套用至「L、R 及 L+R」（持續按下 1 秒叫長按）。

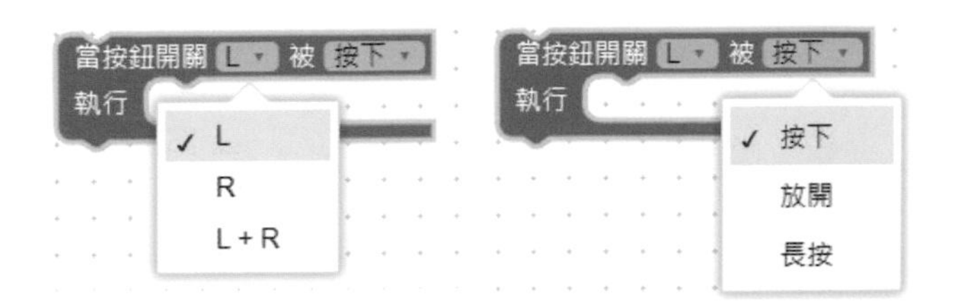

範例練習 按下「L」按鈕亮燈，按下「R」按鈕關燈，「L+R」同時按顯示紅色 x。

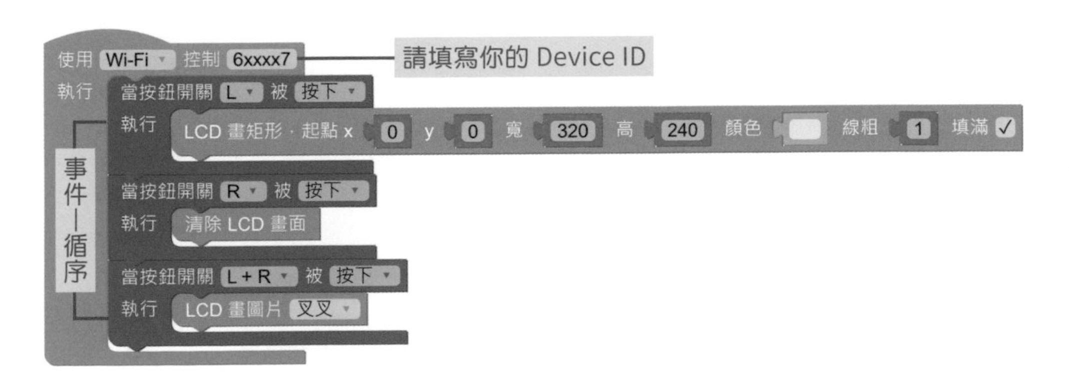

3-1-2 取得按鈕狀態

【取得按鈕狀態】可以顯示接收到的按鈕狀態，並以按下為「0」和放開為「1」代表（注意：沒有長按的狀態）。

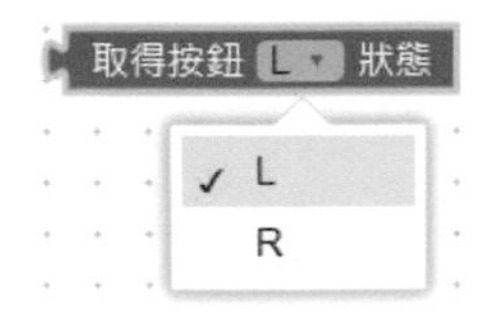

範例練習 當我們取得「L」按鈕的狀態為 0 時，表示按鈕按下，此時打亮燈光。當按鈕狀態為 1 時，表示按鈕放開，將燈關閉。

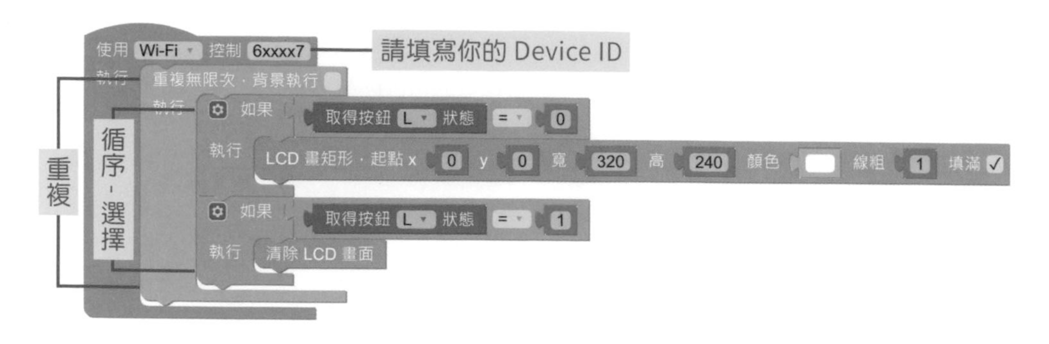

3-1-3 亂數

【取隨機整數】是指定一個數字範圍，然後從這個數字範圍內取出隨機的整數。

範例練習 當您按下「L」鈕時會隨機出現一個骰子的點數。

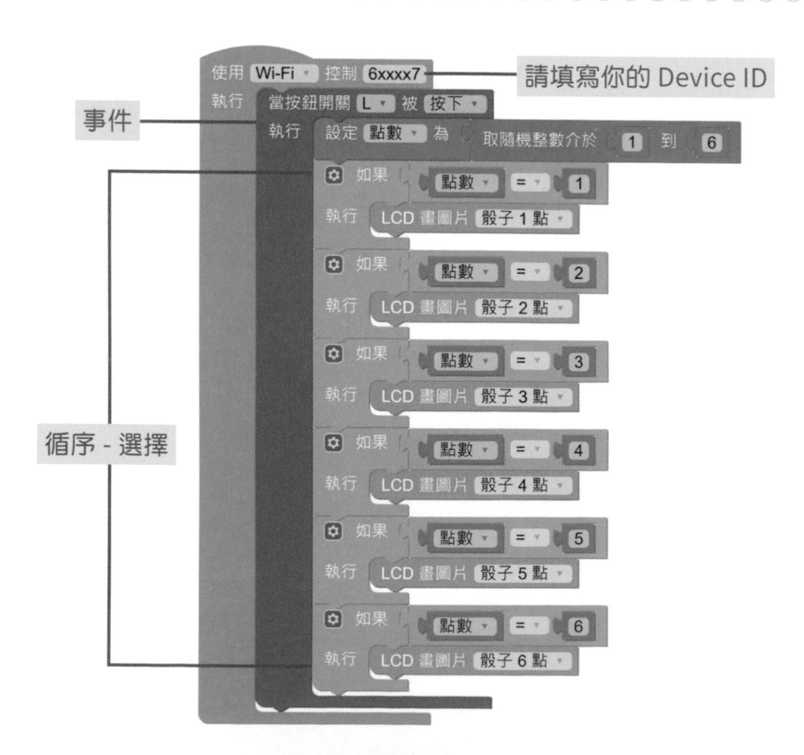

3-1-4 函式

函式可以幫助我們簡化或管理較為複雜的程式碼，當遇到需要重複撰寫的程式片段時，透過函式將這些重複的部份集中，需要的時候再去呼叫「函式」執行即可。

1 【建立函式】可以將許多重複的程式積木包裝成函式，點選前方的藍色小齒輪，將「變數」拖曳至右邊參數裡面就可以新增變數，參數及函式都可以自訂名稱。

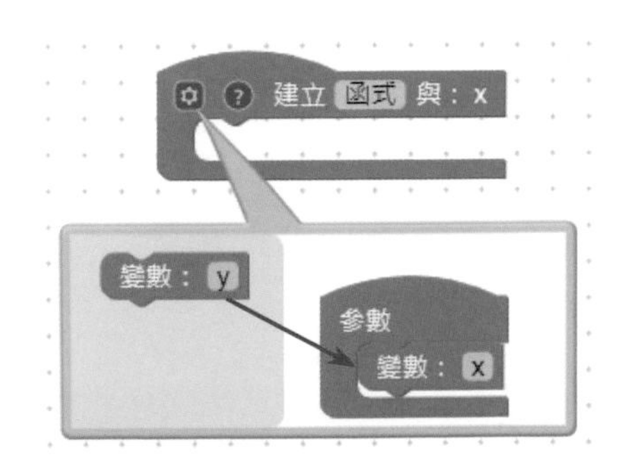

建立函式積木並不會執行函式，而是定義「需要執行的內容」，建立完成後，在函式積木的清單裡，就會出現對應的執行函式積木，使用這個積木才表示執行這個函式，其流程如：建立函式 → 呼叫函式。

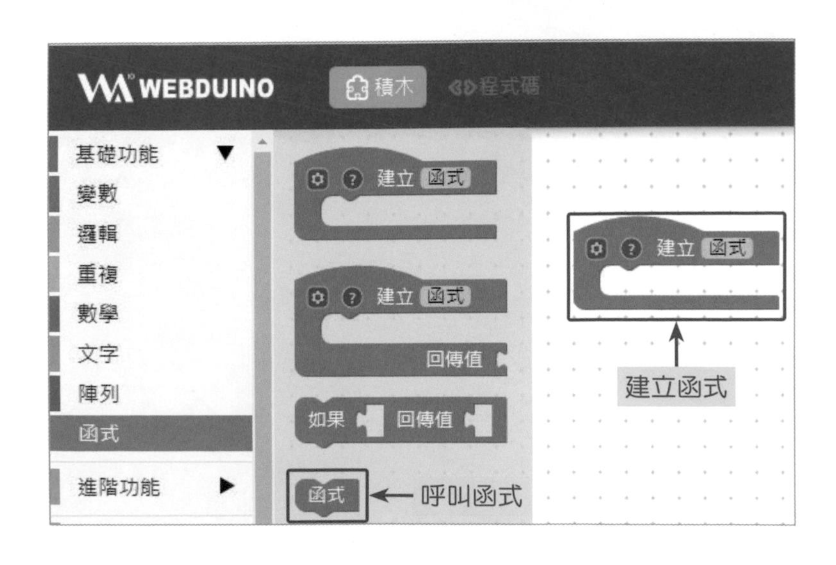

範例練習 建立「矩形面積」的函式，參數為「長」與「寬」，用【LCD 顯示文字】積木計算面積 = 長 x 寬。

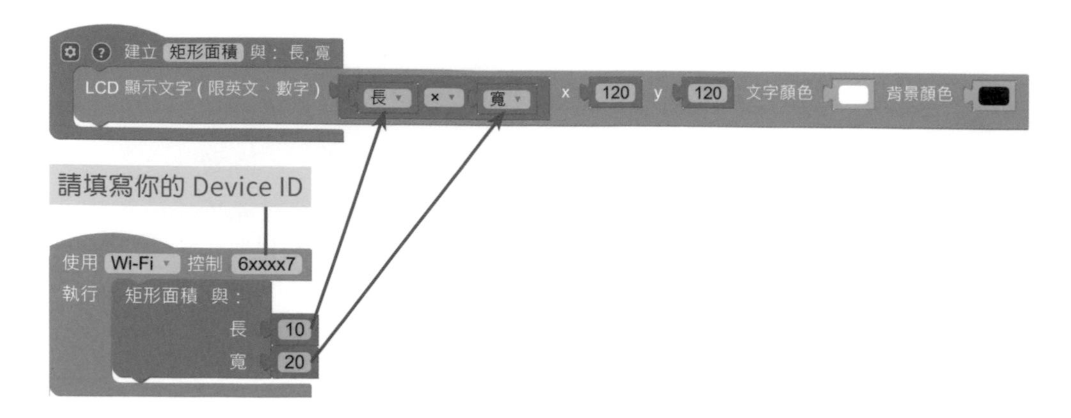

2 **【建立函式回傳值】**積木可以讓執行的函式，變成單純的**數值**，前方多了一個作為組合用的形狀。

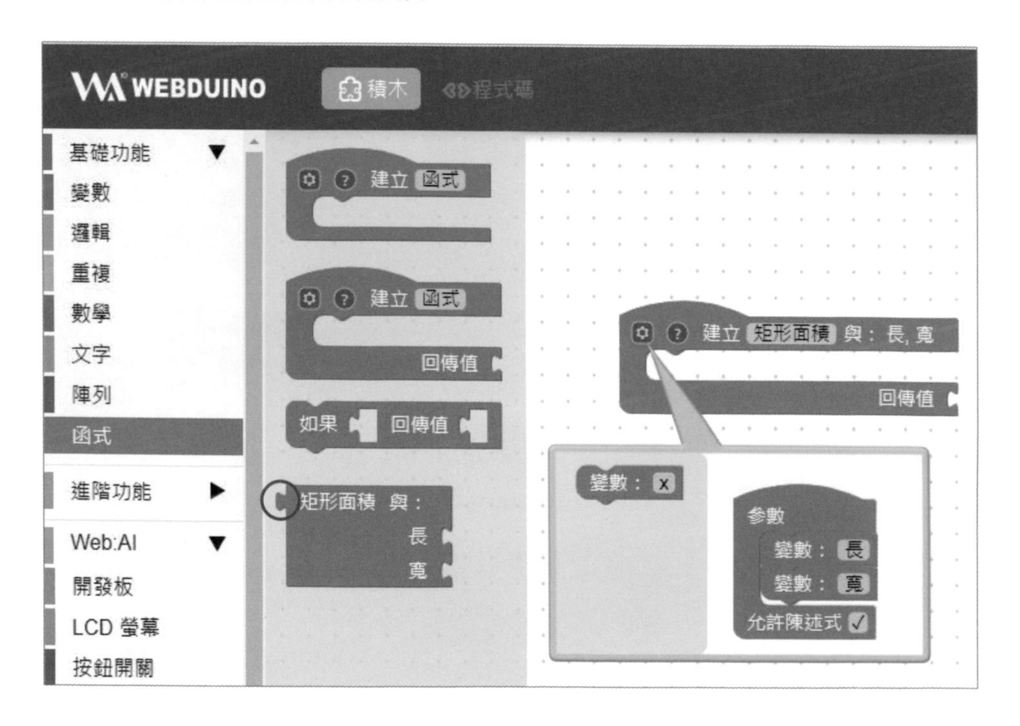

範例練習 建立「矩形面積」的函式回傳值，參數為「長」與「寬」，用【LCD 顯示文字】積木計算面積 = 長 × 寬，其中回傳值就是答案。

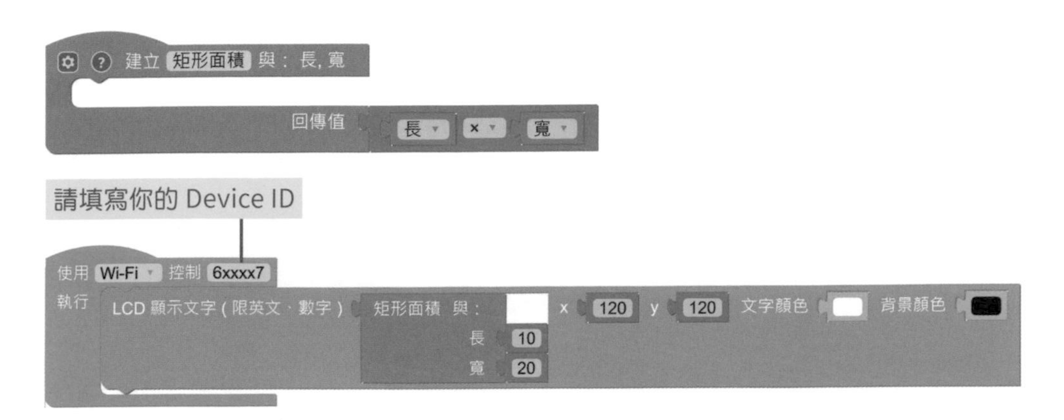

③【如果回傳值】主要作為判斷要回傳什麼數值，必須放在【建立函式回傳值】積木內才能正常運作。

範例練習 將傳入的變數值回傳 x 和 y 哪個比較大的結果。

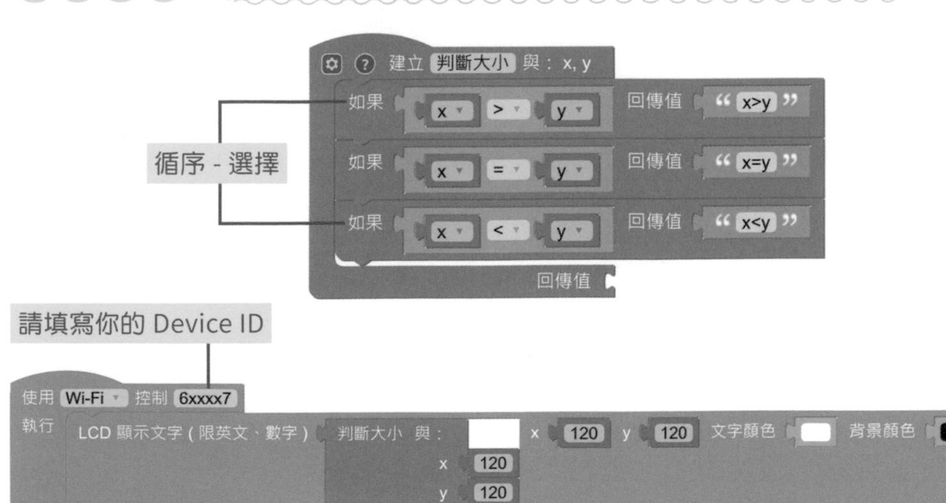

3-2 顏色追蹤

我們開車看到紅燈時知道要停下來、看到綠燈就知道可以前進，這是因為人類能夠透過眼睛感知，再經由大腦判別顏色進一步做出反應，藉由使用「Webduino 選色器」取出拍攝到的指定顏色，告訴程式偵測到此顏色時，需要做出什麼樣的互動，就可以讓 Web:AI 像駕駛一樣對不同顏色做出反應。積木位於「進階功能 / 顏色追蹤」。

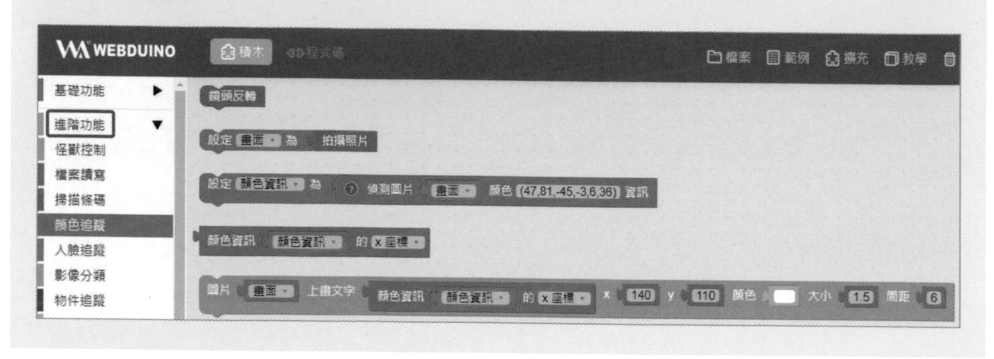

3-2-1 偵測圖片顏色資訊

1. 【偵測圖片顏色資訊】可以輸入指定的 L*a*b* 色碼（可用「Webduino 選色器」獲得），當 Web:AI 鏡頭拍攝到顏色時，就會將顏色區塊框起來。

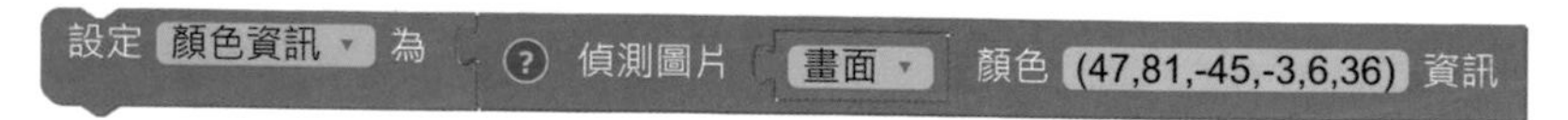

TIP

L*a*b* 又稱為 CIELAB 色彩模型，是國際照明委員會（縮寫為 CIE）在 1976 年定義的，「L*」代表感知的亮度、「a*」和「b*」代表人類視覺的四種獨特顏色：紅色、綠色、藍色和黃色，L 的值域由 0 到 100，a 和 b 的值域都是由 +127 至 -128。

2. 【顏色資訊】可針對偵測的顏色，回報色塊的資訊，包含 x、y 座標及面積。

範例練習 開啟主功能選單「範例 / 顏色追蹤：紅色」，作用為重複無限次拍照後偵測圖片顏色資訊，若其面積 > 10（面積 = 所有像素的總和，為了避免誤判，會把數字加大一些），則在 LCD 螢幕顯示「紅色」。請拿出紅色的小怪獸卡來測試看看。

使用 Wi-Fi 控制 6xxxx7 — 請填寫你的 Device ID

執行 重複無限次
執行 設定 畫面 為 拍攝照片
設定 顏色資訊 為 偵測圖片 畫面 顏色 (0,100,24,128,-128,128) 資訊
如果 顏色資訊 顏色資訊 的 面積 > 10
執行 圖片 畫面 上畫文字 “紅色” x 140 y 110 顏色 白色 大小 2 間距 20
LCD 顯示圖片 畫面

❶ 重複
❷ 循序
❸ 選擇

3-2-2 選色器

① 對著【偵測圖片顏色資訊】積木按下右鍵，點擊「選色器」即可進入 WEBDUNIO 選色器（**請記得將電腦攝影機打開及允許權限**）。

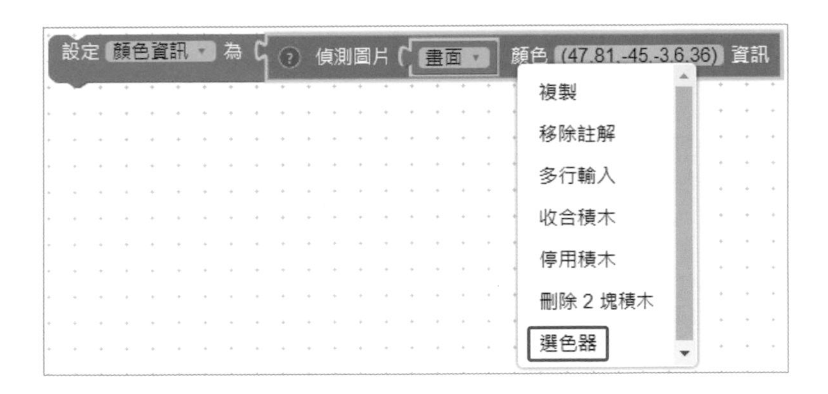

2. 將被選色的物品放置在電腦鏡頭前方拍攝，讓它先自動偵測出預設值。

3. 左側為電腦鏡頭拍攝到的畫面，右側為選取到的顏色（白色：選取的顏色，黑色：被過濾掉的顏色）。

4. 先調整「增加 / 減少亮度」直到您要選取的顏色出現白色，接著根據您要取的顏色，優先調整對應的顏色拉桿，再來才是其他顏色拉桿的微調。

過程中無法一次到位，必須在 6 個拉桿中不斷調整，直到滿意為止。

5. 經過不同的顏色反覆測試後，按下「複製」貼到【偵測圖片顏色資訊】即可。

6. 如果需要查詢特定色碼是何種顏色時，可以將色碼貼在「查詢色碼」中，按下送出即可查看選取的顏色。

範例練習 拿出綠色的小怪獸卡，使用 WEBDUNIO 選色器，依照操作步驟將色碼填寫在空白底線處 ________________。

3-3 麥克風、喇叭

Web:AI 開發板內建麥克風，能將錄製的聲音存檔，也可以外接喇叭來播放（因為開發板的記憶體有限，所以使用【錄音】積木前需要搭配 SD 卡才能使用，建議購買「Class10 + UHS 1」規格以上的記憶卡，廠牌沒有特別限制）。

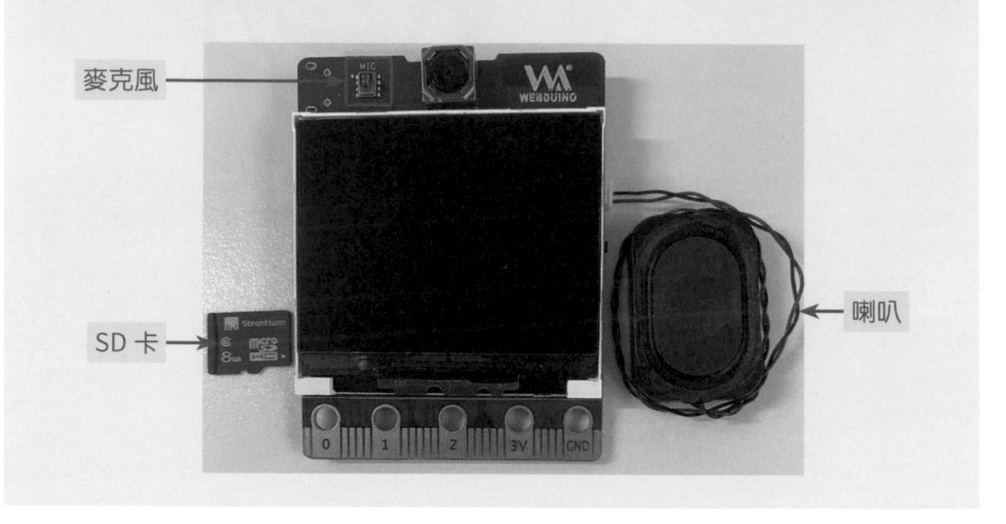

3-3-1 麥克風

麥克風可用來錄製語音儲存記憶卡（SD）中，積木位於「Web:AI/ 麥克風」。

【錄音】積木可以將麥克風錄製到的聲音儲存到記憶卡中。

錄音 (僅支援記憶卡)，檔名 “recorder” 秒數 (0~60) 10

範例練習 當螢幕上出現「錄音中…」的訊息，請您錄製 3 秒鐘的聲音，並存檔為「recorder」，完成後顯示「錄音完成」。

請填寫您的 Device ID

使用 Wi-Fi 控制 6xxxx7
執行
LCD 畫文字 “錄音中...” x 115 y 110 顏色 大小 1.5 間距 20
錄音 (僅支援記憶卡)，檔名 “recorder” 秒數 (0~60) 3
清除 LCD 畫面
LCD 畫文字 “錄音完成” x 115 y 110 顏色 大小 1.5 間距 20

循序

3-3-2 喇叭

Web:AI 開發板能夠搭配外接喇叭及 SD 卡，將指定的音檔播放出來，並藉由控制觸發條件和音量，達成聲音的互動。積木位於「擴充功能 / 喇叭」。

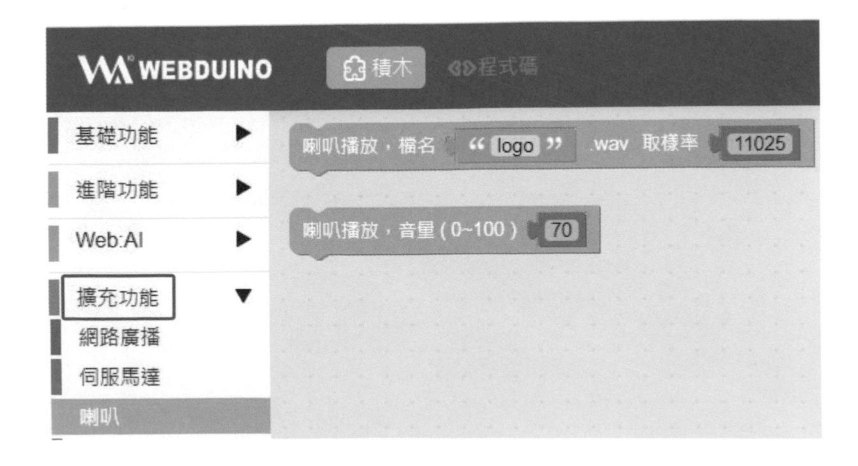

❶【喇叭播放】代表播放 SD 卡內指定的 wav 檔，預設檔名為「logo」，取樣率為 11025（常用的音頻取樣率：8000、11025、22050、32000、44100）。

喇叭播放．檔名 “logo” .wav 取樣率 11025

NOTE 若沒插入 SD 卡，則可以播放如右內建的聲音檔：

聲音檔	用途
angry.wav	生氣
cry.wav	哭
happy.wav	快樂
intro.wav	語音自介
laugh.wav	笑
logo.wav	歡迎

❷【音量】可以控制播放的音量，大小為 0 ～ 100 之間。必須放在【喇叭播放】積木之前，才能設定音量大小。

喇叭播放．音量 (0~100) 70

範例練習 當按下「L」鈕播放笑聲（laugh.wav），按下「R」鈕播放哭聲（cry.wav）。（**請先把記憶卡取出後再執行程式**，以免沒有聲音，這是因為沒有取出 SD 卡時，會直接播放 SD 卡上的音檔，而不會播放內建的）。

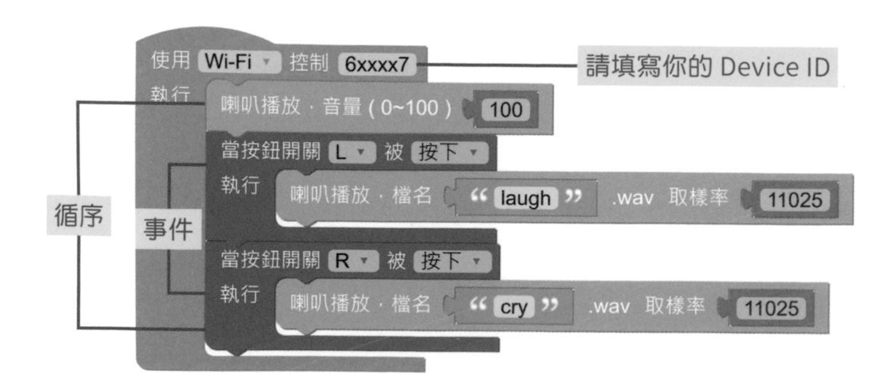

3-4 顏色配對遊戲

從維基百科的定義來看，遊戲是指人的一種娛樂活動，也可以指這種活動過程，主要成份有目的、規則、挑戰及互動。我們利用 Web:AI 開發板的「顏色追蹤」功能，設計當看到螢幕出現的配對顏色時，立即找到對應的小怪獸圖卡給 Web:AI 攝影鏡頭分辨，配對成功就得分，遊戲畫面描述如下。

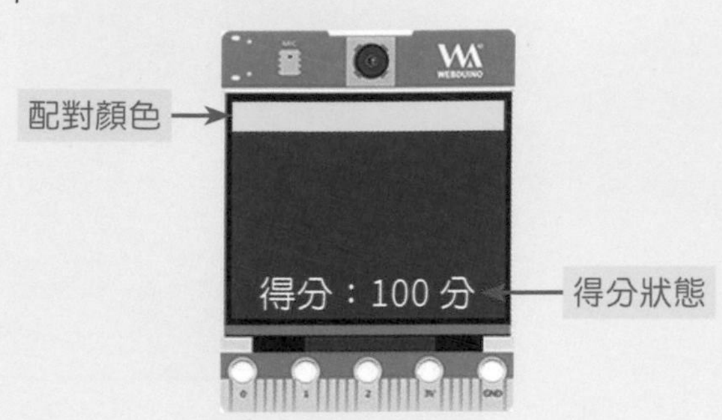

3-4-1 遊戲流程

「顏色配對」是設計給小朋友訓練手眼協調及配對能力的遊戲，藉由過程中增進小孩大腦的發展。玩家根據指定顏色找到同色系的任何物品進行配對，成功就得 100 分，其按鈕功能說明如下：

- **L 按鈕**

  開始遊戲，第 1 次按下後得分會從 0 開始，亂數出題；第 2 次以後按下，只會重新出題，得分部分不會改變。

- **R 按鈕**

  停止目前遊戲，將得分設為 0，同時顯示「按下左側鈕開始遊戲」訊息。

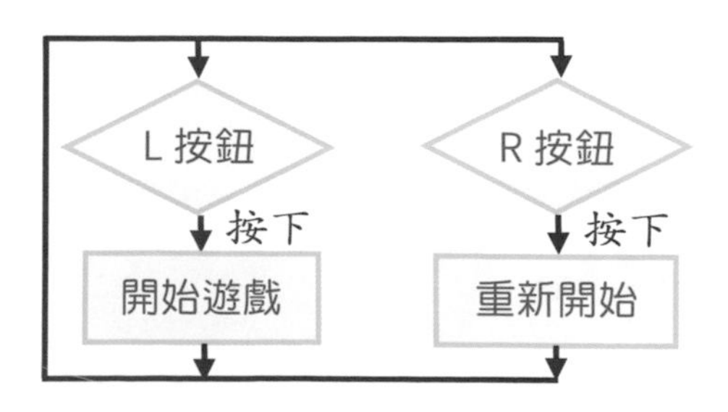

開始遊戲時會以亂數決定要配對的顏色，接著進入迴圈顯示在螢幕上方，再不斷透過鏡頭辨別顏色，配對成功就得 100 分。右邊為「開始遊戲」的流程圖。

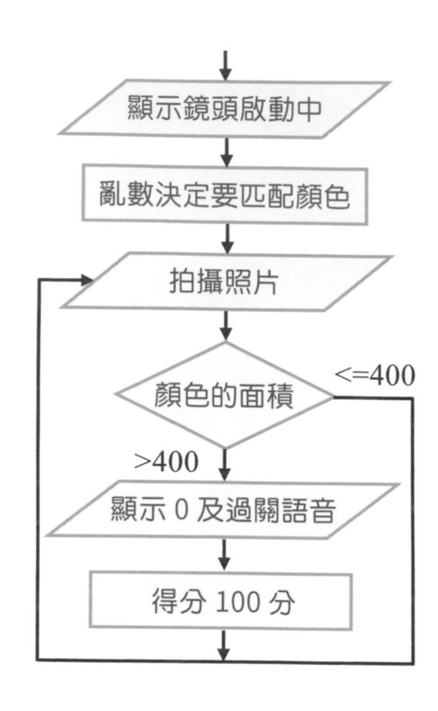

3-4-2 事先準備

篩選指定顏色

為了讓 Web:AI 鏡頭可以分辨出不同的顏色，我們以開發板包裝盒內所附贈的 4 張「小怪獸卡」，來當作「WEBDUINO 選色器」篩選的指定顏色，如下圖所示，請大家依照「3-2-2 選色器」的步驟，將各個卡片一一進行篩選，同時複製「色碼」做為程式判斷所需的顏色資訊。

讀者也可以拿其他顏色的任何物品做為篩選標的。

錄製音檔

請先插好記憶（SD）卡及外接喇叭，再撰寫如下的積木程式，部署到開發板中執行，當螢幕出現「錄音開始」時，馬上說出「過關」兩個字，然後會聽到它複誦一次，請您錄製到聲音滿意為止。

請填寫你的 Device ID

使用 Wi-Fi 控制 6xxxx7
執行
循序
LCD 畫文字 "錄音開始" x 140 y 110 顏色 白色 大小 1.5 間距 6
錄音（僅支援記憶卡）· 檔名 "過關" 秒數（0~60） 1
喇叭播放 · 音量（0~100） 100
喇叭播放 · 檔名 "過關" .wav 取樣率 11025

3-4-3 程式設計

我們將整個程式「拆解」成「按鈕功能」及「遊戲主體」兩個部份，以「事件」及「循序、選擇及重複」三種結構化設計，分別說明如下：

- 按鈕功能是以「事件 - 循序」的邏輯思維撰寫積木程式的，它會影響遊戲主體的進行或停止。
- 遊戲主體則是以「迴圈 - 循序 - 選擇」為設計思維，讓遊戲透過迴圈一直玩下去，直到按鈕事件發生，您可以標示這些結構在積木程式的哪兒？

請填寫你的 Device ID

```
使用 Wi-Fi 控制 6xxxx7
執行
❶  設定 開始 為 假
    設定 得分 為 0
    設定 顏色 為 建立陣列
❷  LCD 畫文字 "按下左側鈕開始遊戲" x 40 y 90 顏色 大小 1.5 間距 16
    LCD 畫文字 "按下右側鈕重新開始" x 40 y 120 顏色 大小 1.5 間距 16
❸  當按鈕開關 R 被 按下
    執行 設定 開始 為 假
         設定 得分 為 0
         清除 LCD 畫面
         LCD 畫文字 "按下左側鈕開始遊戲" x 40 y 90 顏色 大小 1.5 間距 16
❹  當按鈕開關 L 被 按下
    執行 設定 開始 為 真
         清除 LCD 畫面
         LCD 畫文字 "鏡頭啟動中..." x 90 y 110 顏色 大小 1.5 間距 16
         設定 項目 為 取隨機整數介於 1 到 4
         如果 開始 就重複無限次，背景執行
         執行
❺            設定 畫面 為 拍攝照片
              LCD 畫矩形，起點 x 0 y 0 寬 320 高 20 顏色 自陣列 顏色 取得 第 項目 個項目 線粗 1 填滿 ✓
❻            如果 項目 = 1
              執行 設定 顏色資訊 為 偵測圖片 畫面 顏色 (16,100,-21,18,-70,-19) 資訊
              如果 項目 = 2
              執行 設定 顏色資訊 為 偵測圖片 畫面 顏色 (24,100,-11,123,22,53) 資訊
              如果 項目 = 3
              執行 設定 顏色資訊 為 偵測圖片 畫面 顏色 (33,86,14,63,-37,2) 資訊
              如果 項目 = 4
              執行 設定 顏色資訊 為 偵測圖片 畫面 顏色 (32,75,-90,-9,12,57) 資訊
              如果 顏色資訊 顏色資訊 的 面積 > 400
              執行
❼                LCD 畫圖片 圈圈
                  喇叭播放，音量 ( 0~100 ) 70
                  喇叭播放，檔名 "過關" .wav 取樣率 11025
                  設定 項目 為 取隨機整數介於 1 到 4
                  等待 2 秒
                  設定 得分 為 得分 + 100
              否則
❽                圖片 畫面 上畫文字 建立字串 "得分：" 得分 "分" x 80 y 210 顏色 大小 1.5 間距 12
                  LCD 顯示圖片 畫面
❾            等待 0.2 秒
```

程式解說

❶ 設定「開始」、「得分」變數，以及「顏色」陣列。

- 變數「開始」用來判斷遊戲是否開始，「真」→ 開始，「假」→ 停止。
- 變數「得分」用來表示遊戲的得分，初始值為 0。
- 陣列「顏色」用來表示要配對的顏色，依序為「藍（1）、黃（2）、紅（3）、綠（4）」，數字為陣列的註標，請從【LCD 畫文字】取得【顏色】積木。

❷ 顯示操作訊息「按下左側鈕開始遊戲」和「按下右側鈕重新開始」。

❸ 當按下右側鈕時，立即停止遊戲，得分設為 0，清除畫面後顯示「按下左側鈕開始遊戲」訊息。

❹ 當按下左側鈕時，開始遊戲，清除畫面後顯示「鏡頭啟動中…」訊息，同時設定「項目」為 1~4 的亂數。

❺ 當「開給」變數為真時，不斷循環拍照，並在螢幕最上方畫出一個變數「項目」指定顏色的矩形，比如說「項目」為 3 則表示紅色。

❻ 設定「項目」變數的對應顏色代碼。

❼ 如果「顏色資訊的面積」> 400（數字越大，配對的範圍越大），螢幕畫出一個白色的圓圈，並播放「過關」語音，「項目」變數重新亂數產生，得分 +100 分，等待 2 秒後再繼續。

❽ 如果「顏色資訊的面積」<= 400，在螢幕下方顯示「得分：xxx 分」。

❾ 螢幕更新的頻率，如果不想太快，可以把 0.2 秒設定長一點，同樣地也可以刪除該積木，讓更新頻率達到最快，不過顯示的字會有閃爍的現象。

3-4-4 處理重複積木

- 如果仔細觀察會發現上述❶ ~ ❸的積木程式當中有部份重複的，如下圖深藍色和紅色框所示；我們可以使用【函式】將重複的積木製作成一個新的函式，比如說『初始化』函式，請在原「函式」名稱處點一下，即可將函式名稱更改為「初始化」，如粉紅色框框處。

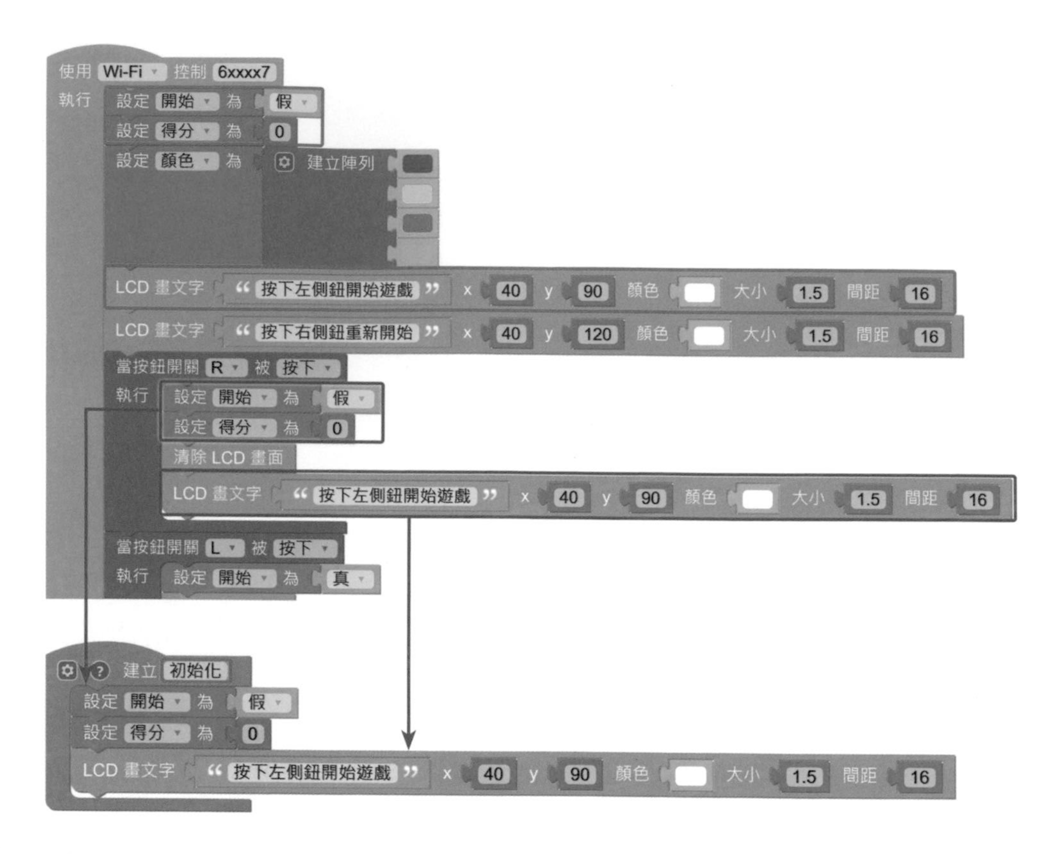

- 接下來將「基礎功能 / 函式」的【初始化】積木拖拉至原先移出積木的位置，如下圖所示，如此一來就減少重複的積木程式。

3-5 課後評量

1. 請問按鈕開關的行為有哪幾種，可以套用哪幾種按鈕模式？

2. 請參考 3-1-4 函式的作法，設計一個求 BMI 的函式，可以把身高、體重轉換成 BMI 值，其公式為 BMI= 體重 / 身高 ^{2}（身高單位為公尺、體重單位為公斤）。

3. 請分別解釋 CIELAB 色彩模型中 L*、a*、b* 的意思及其值範圍？

4. 請您使用「WEBDUINO 選色器」篩選出您的「手掌心」（即手掌心變成白色，其他部份變成黑色，比方說臉、身體…），並寫下其色碼的數字。

5. 請說明開發板的內建聲音檔有哪些及用途是什麼呢？

6. 請將 3-4-3 積木程式分別用「事件」及「循序、選擇及重複」三種結構來標示。

7. 如果想把 3-4-4 積木程式改良成配對錯誤會出現 X，該如何修改呢？（可以利用面積的值來判斷，比方說介於 100~399 表示，數值範圍請自行測試）

MEMO

首先介紹圖形辨識天王：CNN 卷積神經網路，讓您從其理論了解人工智慧辨識的原理後，再以「Webduino 影像訓練平台」實作，透過「建立分類」、「建立模型」到「下載模型」至 Web:AI 開發板內，進而撰寫積木程式做「影像分類」。

猜拳遊戲最常見的一種就是「剪刀、石頭、布」，以隨機結果來作為選擇，我們利用 Web:AI 的「影像分類」功能來打造一個永遠猜不輸的機器人，讓鏡頭辨識出拳的結果，再以必勝的拳 + 語音完敗對手，底下就帶領大家朝這個目標邁進。

4

剪刀石頭布猜拳辨識

- 卷積神經網路
- 影像訓練平台、影像分類
- 文字轉語音
- 剪刀石頭布猜拳辨識

4-1 卷積神經網路

4-1-1 人工智慧演進

人工智慧簡單說就是讓機器展現出人類智慧的一種技術，其演進過程如圖，深度學習是機器學習的一個分支，機器學習是人工智慧的一個分支，差異說明如下：

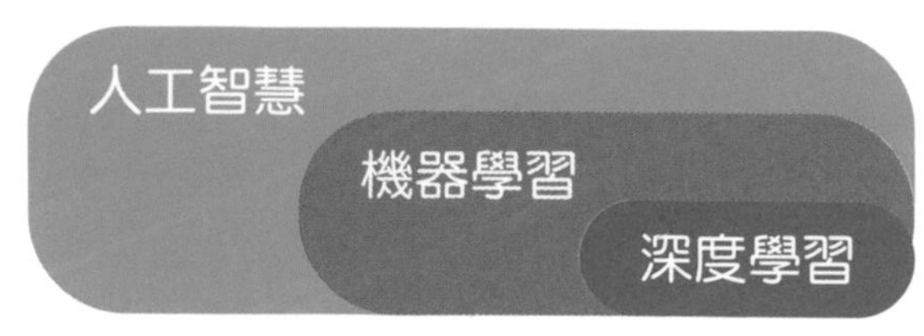

- **人工智慧早期**

  以邏輯推論來告訴電腦進行推理、選擇及修正，如走迷宮、河內塔問題、尋找最佳路徑。

- **機器學習**

  從大量資料中手動標記特徵，再透過機器學習的模型，得到預測結果，如搜尋引擎、資料探勘、決策樹。

- **深度學習**

  把大量資料透過神經網路萃取特徵，產生對應的預測模型，進而判斷指定的問題，如照片分類、自然語音識別、影像辨識。

4-1-2 卷積神經網路

Convolutional Neural Networks 翻譯為卷積神經網路，簡稱 CNN，是圖形辨識天王，也是深度 / 機器學習的一種，學習過程會自動找出特徵值，有兩種隱藏層：

- **卷積層**：為一組平行的特徵圖，卷積核與輸入的圖像會進行滑動 + 內積運算。

假設左邊為一張圖片的像素組成，右邊為不同的卷積核（Filter）：

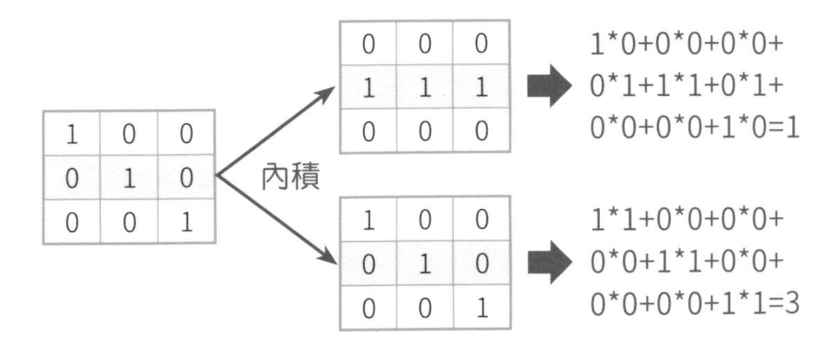

內積的意義：數字比較大表示有該特徵的機率比較高，影像辨識如此而生。

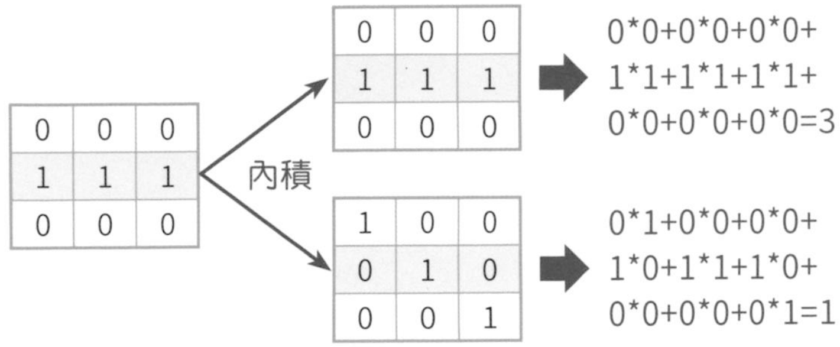

內積的計算方式為將對應的矩陣值**相乘**後再**加總**。

- **池化層**：數據降維，最常見方法為取「最大值」，讓卷積的結果減少參數量。

卷積神經網路就是不斷重覆卷積、池化、卷積、池化⋯最後全連結輸出。

3	1	0	1
0	2	1	0
0	1	2	2
3	0	1	1

→

3	1
3	2

問題討論 我們訓練好「貓」與「狗」的模型後，如果拿「豬」的照片來進行辨識，請問會發生什麼事呢？結果是會被辨識成「貓」或「狗」其中之一，為了避免此現象，訓練模型時記得要多加 1 個空白（None）的分類。

4-2 影像訓練平台

Web:AI 影像辨識分為「影像分類」及「物件追蹤」，本章主要是介紹「影像分類」，可以使用開發板拍攝影像上傳至 Webduino 影像訓練平台進行訓練，接著將訓練完成的模型下載，再使用程式積木執行影像辨識，其步驟如下圖。

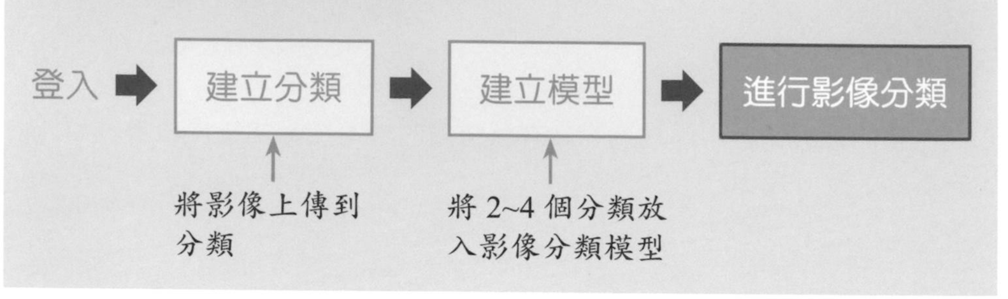

4-2-1 建立分類

影像辨識的過程，需要先分別❶建立影像分類，接著選擇要❷建立的模型種類（影像分類、物件追蹤），並將分類放入模型中訓練，完成後再❸下載模型至開發板內，就可以❹使用程式積木透過模型來進行影像辨識。

① 登入影像訓練平台

Ⓐ 從 Webduino 教育平台點選「Webduino 影像訓練平台」。

Ⓑ 使用「註冊」或 Google/FB 帳號、密碼登入，再點選「同意授權」即可。

② 建立分類

Ⓐ 請在「分類」列表中點擊「新增」按鈕，跳出「建立分類」視窗。

B 請依下列說明填入資料。

- 輸入分類名稱，名稱自訂，如「scissors」代表剪刀分類（請勿輸入中文、空格、符號）。
- 選擇分享狀態：私人分類或公開分享。
- 影像上傳方式點選「Web:AI」(上傳影像或攝影鏡頭效果比較不好)。

C 調整分類數量及輸入 Web:AI 開發板的「Device ID」，按下「建立分類」。

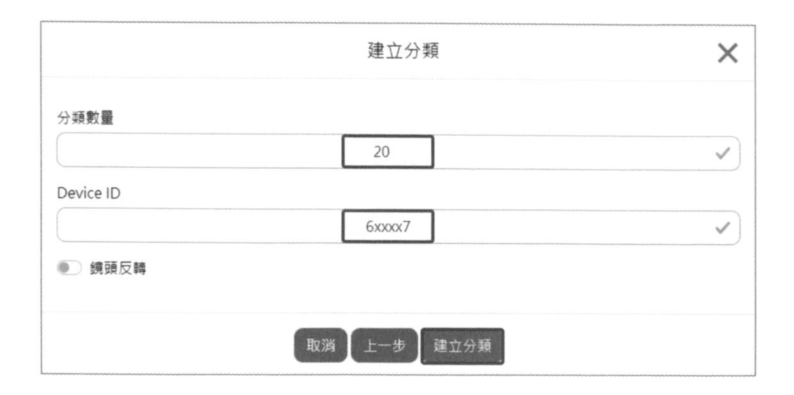

分類數量的值可以先從 10 或 20 張開始，如果辨識效果不好再調大一些。

D 當看到「傳送指令成功」訊息，就可以按下「x」關閉視窗。

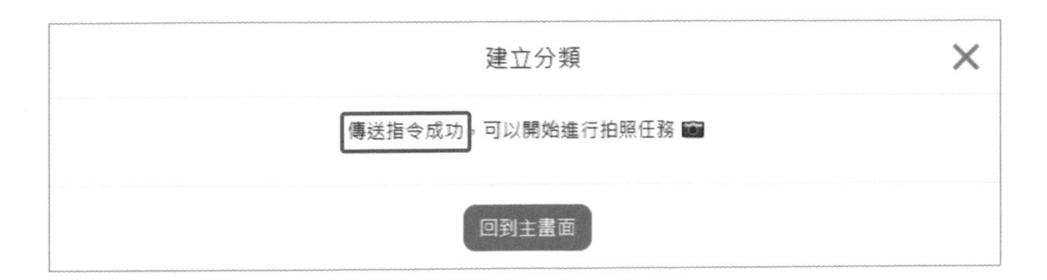

3 使用開發板拍攝影像

傳送指令成功後，開發板會重新啟動，進入拍照模式。

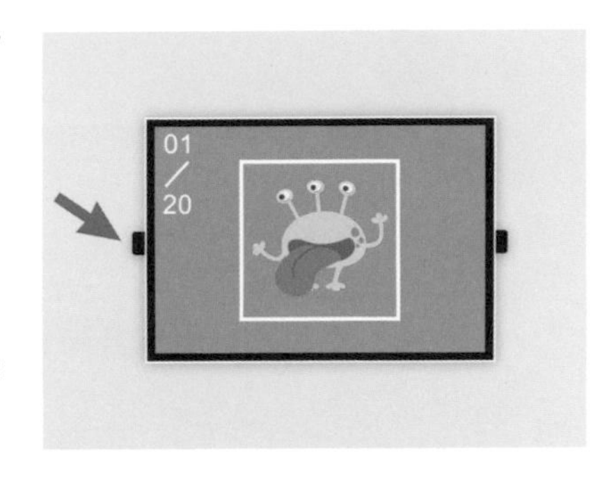

- 左上角白色數字：目前拍照張數 / 要拍的總張數。
- L 按鈕：拍攝照片。
- R 按鈕：調整白色框大小。
- 中間白色方框：拍照時，讓拍攝物體跟白色框大小相當。

TIP

當拍攝物體跟白色框大小相當時按下 L 按鈕拍攝，並且稍微轉動角度，拍攝不同角度的影像，背景儘量單純以提升辨識率。

4 上傳影像

拍完設定的照片數量後，畫面會出現 save…OK，然後開始上傳圖片，完成後會出現「Upload Completed. push（RST）Button to restart」，請重新開機。

5 建立 2~4 個分類

進行影像辨識時，模型內需要放入 n+1 個分類（n 為辨識種類）才能進行辨識，因此重複上述「建立分類、使用開發板拍攝影像及上傳影像」步驟，建立「rock（石頭）、paper（布）、none（空白）」的分類。

4-2-2 建立模型

1. 建立完分類後，請點擊「模型」/「新增」按鈕，跳出「新增模型」視窗。

2. 請依下列說明填入資料。

- 輸入模型名稱，請勿輸入中文、空格、符號或使用過的名稱。
- 選擇模型種類：影像分類或物件追蹤。
- 選擇分享狀態：私人模型或公開分享。
- 模型建立方式請點選「挑選分類」。

3. 從分類列表中點選要進行影像辨識的分類，點擊「建立模型」。

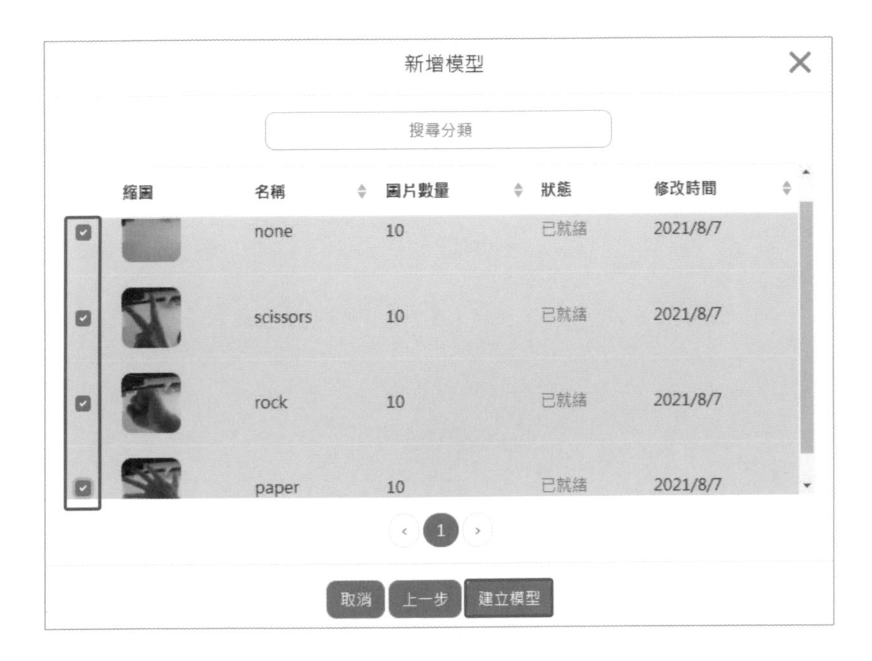

4. 等待模型訓練完成後，「建立模型」視窗會自動關閉，此時在模型列表中可以找到建立的模型，包含「分類名稱」以及「模型種類」。

4-2-3 下載模型

1. 點擊要進行影像辨識的模型，跳出「模型選項」視窗，點選「下載模型」。

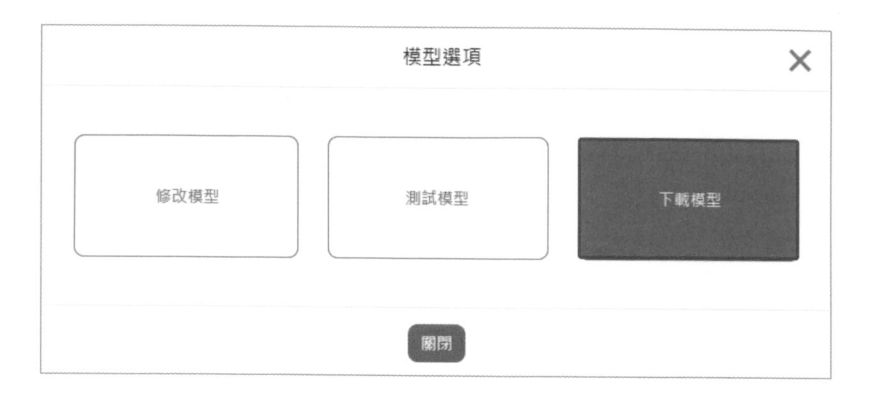

2. 輸入開發板「Device ID」，點擊「下載模型」後傳送指令，出現「傳送指令成功」訊息即開始下載模型。

3. 開發板畫面會出現「Run…xx%」的下載進度，完成後會出現「Download Completed. push（RST）Button to restart」，請重新開機。

4-2-4 使用程式積木執行影像辨識

這裡採用的影像辨識為「影像分類」，積木位於「進階功能 / 影像分類」。

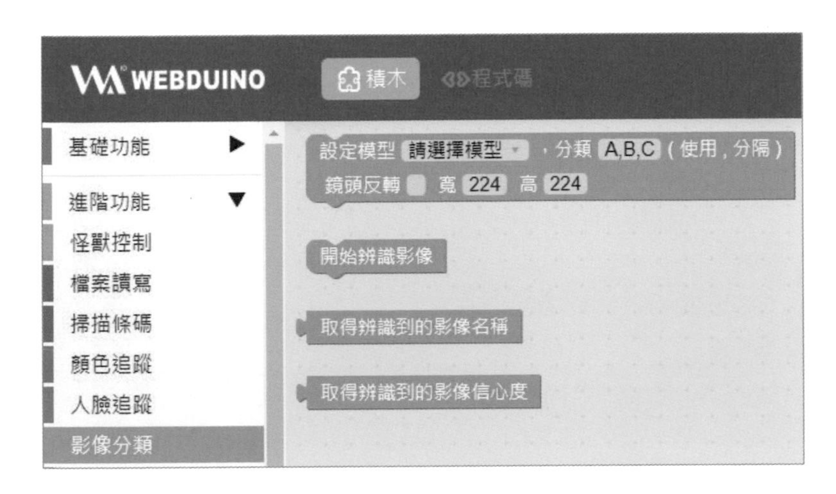

1. 到程式積木平台，點擊上方主功能選單中的「範例」。

2. 開啟後，點擊「進階功能」中的「影像分類」，按下「OK」來開啟範例程式。

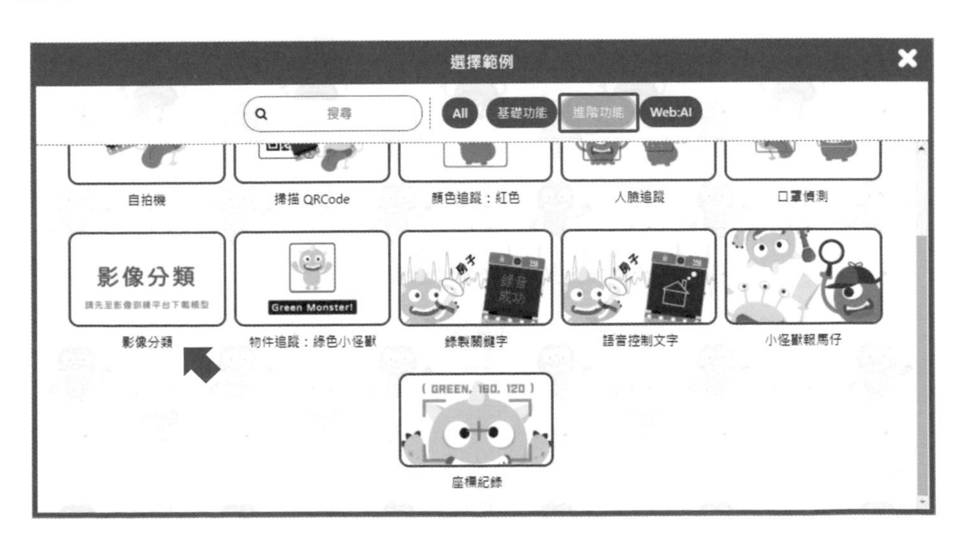

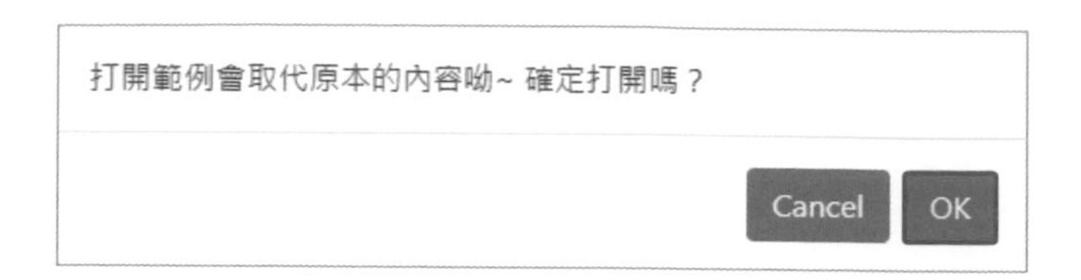

3. 在「設定模型」積木中選擇模型；如果是使用「安裝版程式平台」，則需要手動輸入「設定模型、分類」，並將「寬、高」都輸入 224。

請填寫你的 Device ID

使用 Wi-Fi 控制 6xxxx7
執行 設定模型 mora，分類 none,scissors,rock,paper（使用，分隔）
鏡頭反轉 寬 224 高 224
重複無限次
執行 開始辨識影像
LCD 顯示文字（限英文、數字）建立字串 取得辨識到的影像名稱 “_” 取得辨識到的影像信心度 x 130 y 120 文字顏色 白色 背景顏色 黑色

4. 程式編輯完成後，按下右上角「執行」按鈕，程式部署結束後 Web:AI 開發板會自動開啟鏡頭畫面。

5. 使用鏡頭對準辨識物體就能看到文字顯示辨識結果和信心度。

4-2-5 修改模型

1. 如果發現辨識結果和信心度不佳的話，可以點擊模型名稱，跳出「模型選項」視窗，點選「修改模型」，修改底下的值，以降低損失誤差為原則。

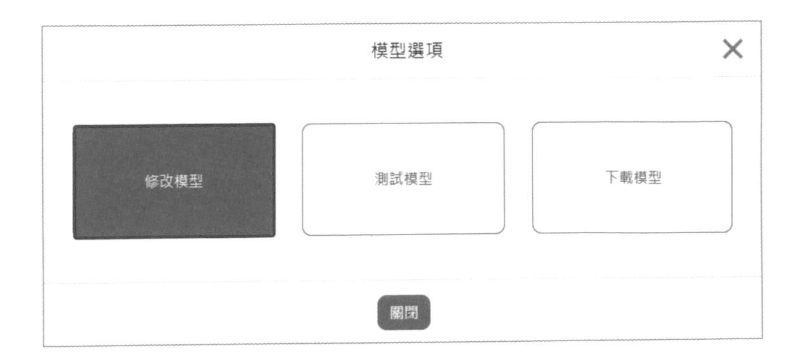

❷ 各個進階設定說明如下：

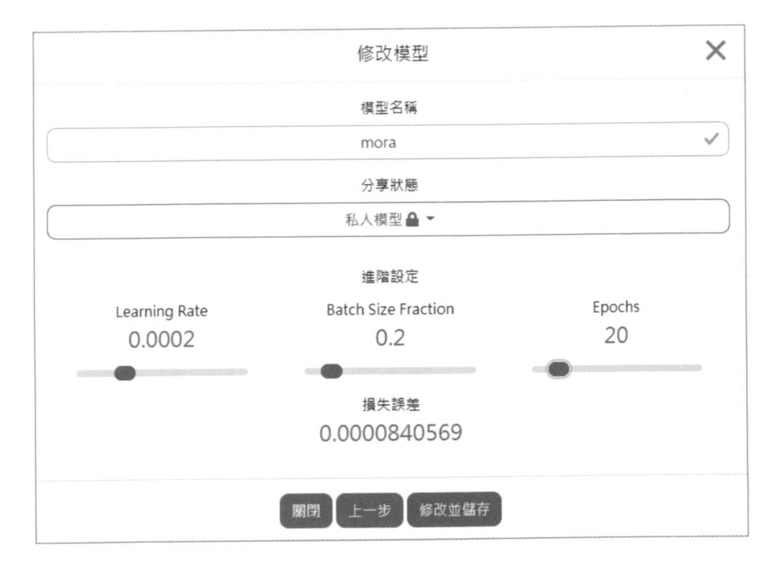

- Learning Rate（0.0001~0.0005）

  學習率，代表學習的效率，與學習速度成正比，剛開始可以設大一點加速接近目標，幾次後再調小，讓它收斂在最低點。

- Batch Size Fraction（0.1~1）

  每次學習所用的樣本數，Batch Size Fraction 設為 0.2，表示每次會使用 100*0.2=20 張照片進行學習。

- Epochs（10~100）

  訓練的回合數，與時間成正比，通常數字越大，訓練模型就越能更好地預測數據，當然訓練的時間也會更久。

4-3 文字轉語音

第 3 章介紹過「麥克風」和外接「喇叭」，讓開發板可以錄音及播放聲音，底下將再推薦一個線上文字轉語音的網站「Notevibes」，可以使用 201 種高質量自然語音和 22 種語言，聲音檔能夠下載為 mp3 或 wav。

4-3-1 加入網站會員

在瀏覽器的網址列輸入「notevibes.com」，點選右上角「Sign Up」，然後可以選擇 Google 或 Facebook 帳號登入，輸入帳號、密碼後同意授權即可使用。

4

4-3-2 產生語音檔

請❶在文字框內輸入「我出石頭」，❷在「English（US）-David」選擇您想要的語音，如「Mandarin Chinese - Lee」，❸ Save as 記得選取「WAV」，最後❹按下「Convert」轉換成語音。

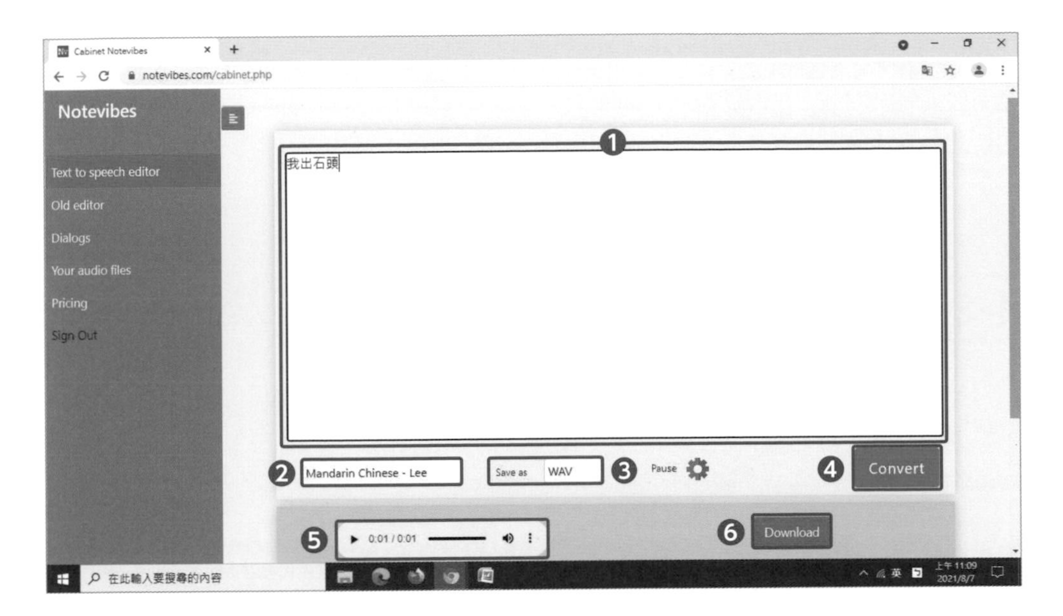

TIP 根據官網（https://notevibes.com/privacy.html）說明，每個帳號的免費試用額度為 5,000 個字元，每產生 1 次語音就會扣除字數。但我們從左側的「Your audio files」，再點選「Billing」發現額度只有 2,000 個字元，讀者請自行留意。

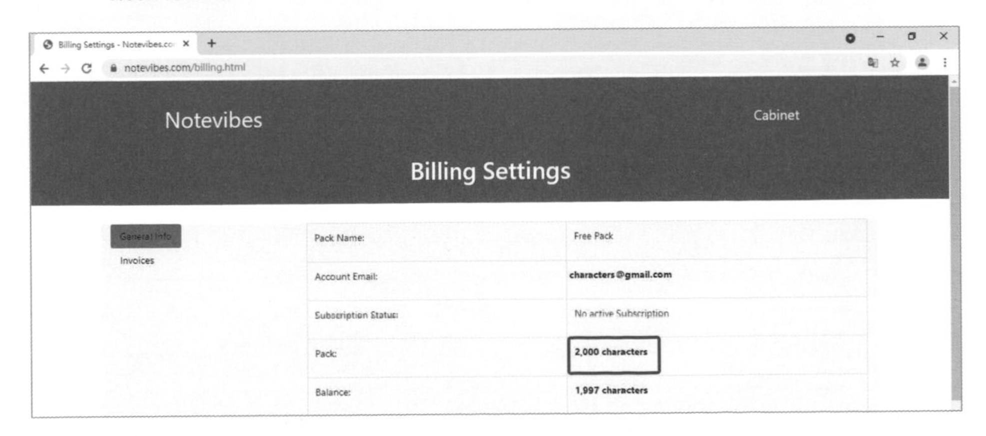

4-3-3 下載語音檔

您可以❺從「播放工具」聽取語音，或直接❻按下「Download」下載語音檔案。請轉好並下載「我出石頭」、「我出布」及「我出剪刀」三個語音檔，分別重新命名為「rock.wav」、「paper.wav」及「scissors.wav」後，複製到記憶（SD）卡內。

NOTE 檔名請勿使用中文，以避免讀取不到。

4-3-4 播放語音檔

Notevibes 網站產生的語音檔，其取樣率要設定為「22050」播放才會正常，設定為「11025」聲音會像慢動作一樣，同樣地設定為「32000」則聲音會快播。

4-4 剪刀石頭布猜拳辨識

剪刀、石頭、布是一種猜拳的遊戲，規則是剪刀 > 布，石頭 > 剪刀，布 > 石頭，通常用來產生隨機結果以作為決策。我們使用 Web:AI 影像訓練平台來拍攝「剪刀、石頭、布」的手勢各 10 張照片，加上空白畫面 10 張，做成猜拳的模型，然後下載至開發板，撰寫程式做成猜拳辨識，不管您出什麼拳，Web:AI 開發板都能完敗您（希望啦）。

4-4-1 系統流程圖

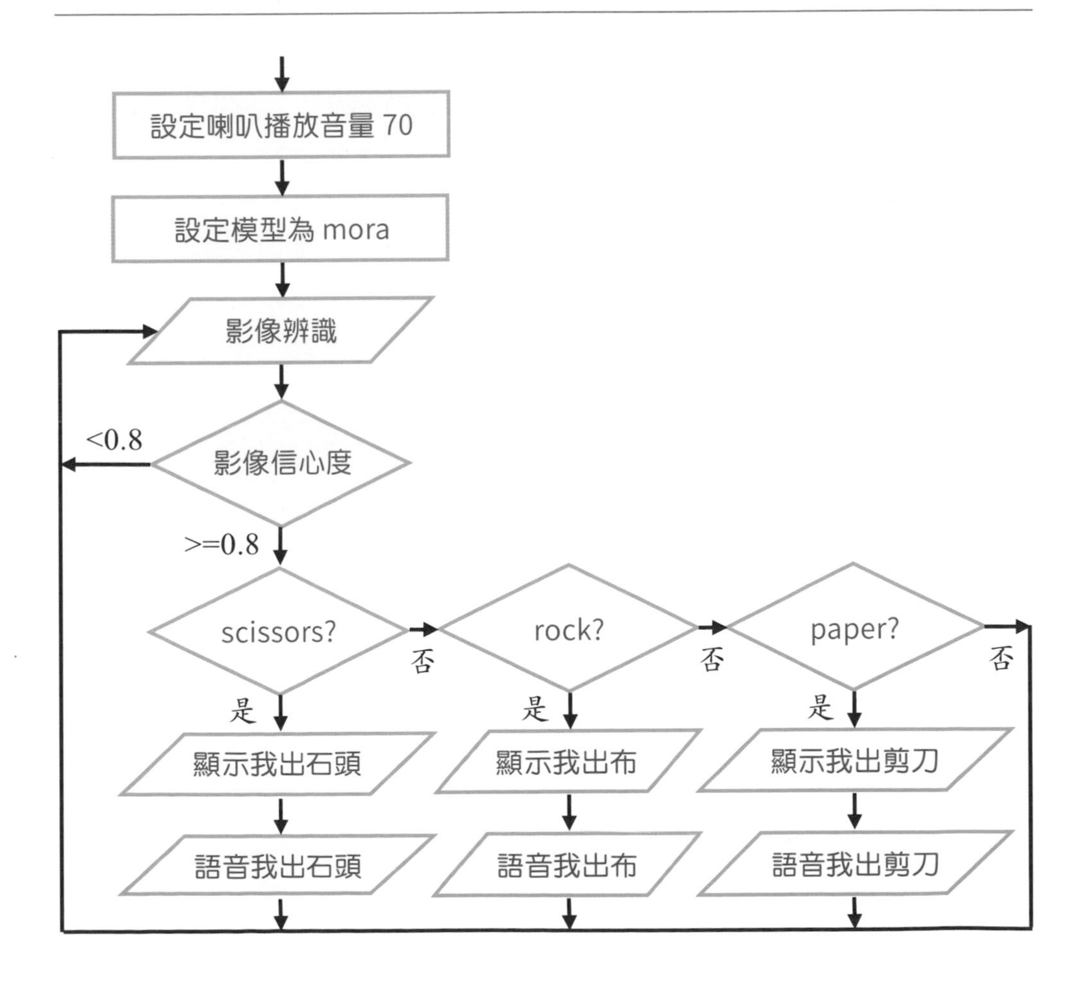

4-4-2 程式設計

程式結構（循序 - 迴圈 - 選擇）由一個大迴圈不斷地辨識影像，再分別判斷是「剪刀（scissors）、石頭（rock）、布（paper）」的哪一個，然後顯示贏的拳及語音輸出。

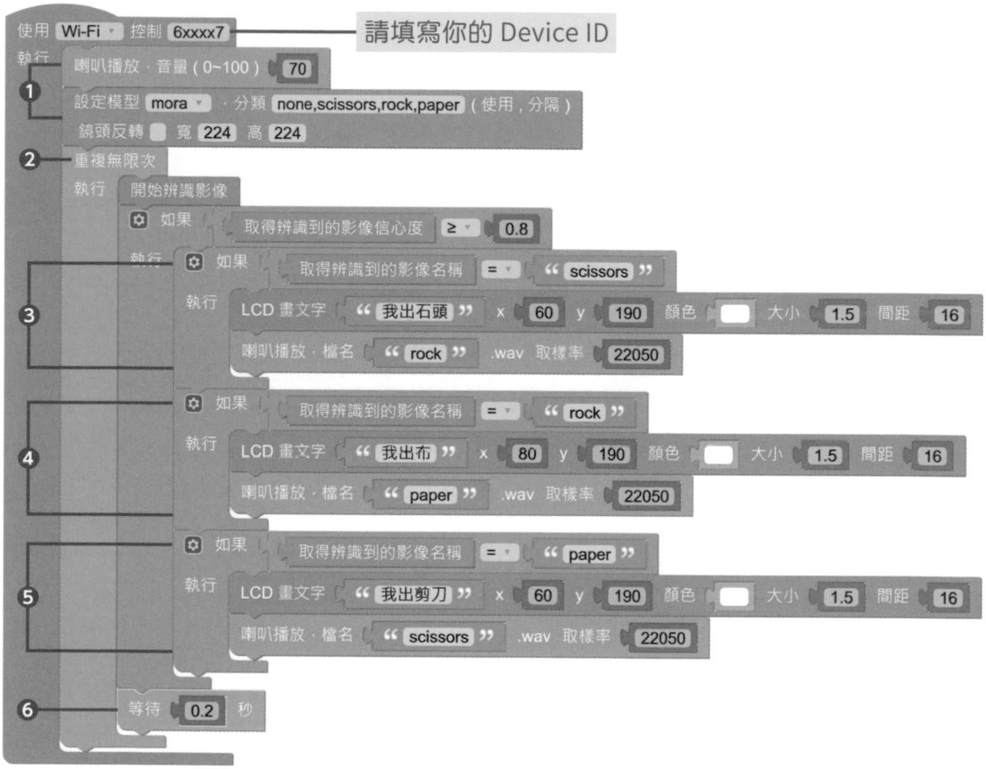

使用 Wi-Fi 控制 6xxxx7 —— 請填寫你的 Device ID
執行
❶ 喇叭播放．音量（0~100）70
設定模型 mora ．分類 none,scissors,rock,paper（使用 , 分隔）
鏡頭反轉 寬 224 高 224
❷ 重複無限次
執行 開始辨識影像
如果 取得辨識到的影像信心度 ≥ 0.8
執行
❸ 如果 取得辨識到的影像名稱 = "scissors"
執行 LCD 畫文字 "我出石頭" x 60 y 190 顏色 大小 1.5 間距 16
喇叭播放．檔名 "rock" .wav 取樣率 22050
❹ 如果 取得辨識到的影像名稱 = "rock"
執行 LCD 畫文字 "我出布" x 80 y 190 顏色 大小 1.5 間距 16
喇叭播放．檔名 "paper" .wav 取樣率 22050
❺ 如果 取得辨識到的影像名稱 = "paper"
執行 LCD 畫文字 "我出剪刀" x 60 y 190 顏色 大小 1.5 間距 16
喇叭播放．檔名 "scissors" .wav 取樣率 22050
❻ 等待 0.2 秒

程式解說

❶ 將喇叭播放音量設為 70，同時選取「mora」做為影像分類模型。

❷ 不斷地重複辨識影像，如果影像信心度小於 0.8 就跳過底下的條件判斷。

❸ 如果影像名稱為「scissors」，則顯示「我出石頭」並以語音輸出。

❹ 如果影像名稱為「rock」，則顯示「我出布」並以語音輸出。

❺ 如果影像名稱為「paper」，則顯示「我出剪刀」並以語音輸出。

❻ 暫停 0.2 秒，避免迴圈執行太快而無法重新下載執行。

4-4-3 執行測試

如果執行時發現影像辨識常常不正確，有可能是沒下載模型檔至 Web:AI 開發板內，或者模型訓練不佳，比方說拍攝照片太少…等，螢幕會出現您現在的手勢（拳），下方則出現開發板要出的拳，同時也會以語音輸出，基本上辨識 100% 成功的話，開發板應該每次都會猜贏你才對，實務上模型訓練是用自己的手，所以猜拳時用自己的手會比別人的更準確。

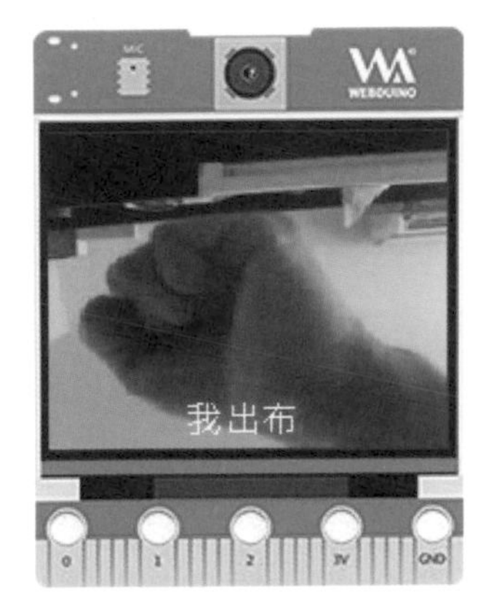

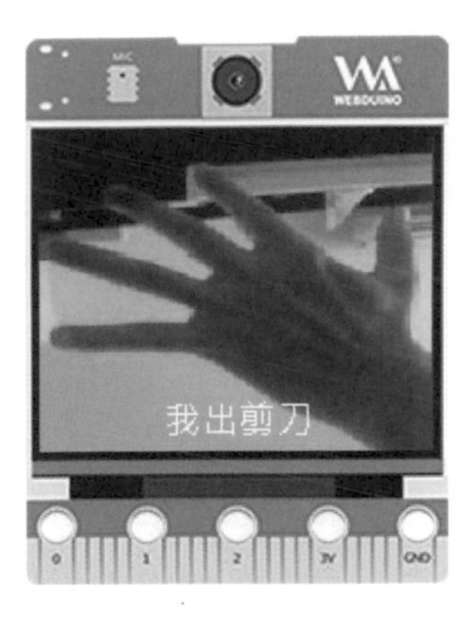

4-5 課後評量

1. 請分別簡述卷積神經網路的兩個隱藏層，卷積層與池化層的作用？
2. 請說明如何利用影像訓練平台，做一個「影像分類」的操作流程？
3. 「Learning Rate、Batch Size Fraction 及 Epochs」的意思是什麼？該如何調整來降低損失誤差？
4. 使用 notevibes.com 網站做文字轉語音有什麼限制，及其音檔的格式與取樣率要怎麼設播放才會正常？
5. 說說看，您要怎麼做才能讓「剪刀、石頭、布」猜拳辨識的成功率更高，做到 Web:AI 開發板每次都能贏玩家？

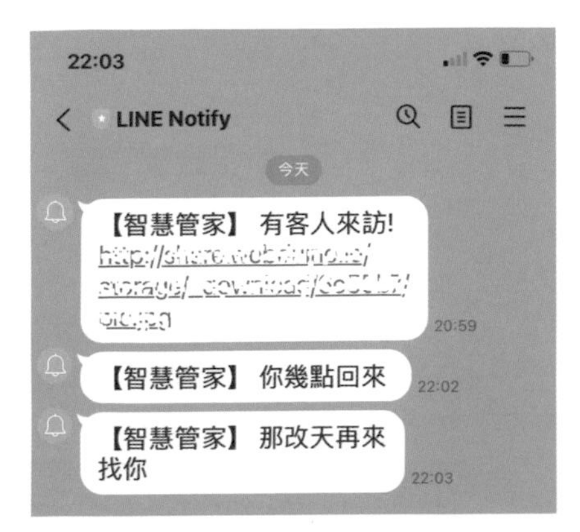

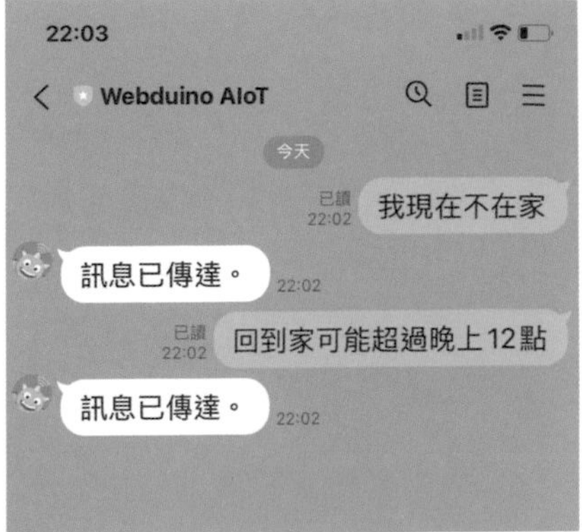

現在越來越多的物聯網產品跟 LINE 通訊軟體來結合，以達到感測資料的自動化通知，加上人工智慧功能的進步，透過智慧化的判斷讓生活便利、自動與舒適。

而網路廣播是用來連動不同的平台，如 Web:AI 開發板與 Web:Bit 教育版平台。我們以 Web:AI 的「人臉追蹤」技術來判斷是否有訪客蒞臨，並透過 LINE Notify 通知主人，主人獲知後使用 Webduino AIoT 聊天機器人傳訊息給家中訪客，再結合「Web:Bit 教育版平台」的語音朗讀與辨識功能，讓訪客聽到語音訊息，而訪客也可以使用語音回應，訊息會再次透過 LINE Notify 告知主人形成互動。

5 來客 LINE 通知 / 傳訊

- 人臉追蹤、檔案讀寫
- 網路廣播、Web:Bit 語音
- LINE 推播聊天
- 來客 LINE 通知 / 傳訊

5-1 人臉追蹤

在 AI 人工智慧的技術中，最重要的莫過於人臉識別，Web:AI 的人臉追蹤技術，可以做到追蹤人臉的座標位置，以及人臉在畫面中的寬度、高度，更配合疫情時事，增加了口罩辨識的功能，讓 AI 結合生活應用，更方便用於教學。積木位於「進階功能 / 人臉追蹤」。

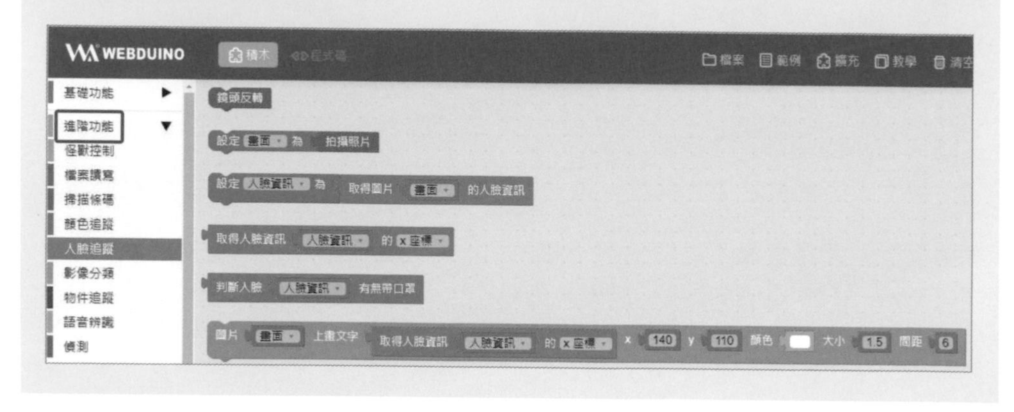

5-1-1 人臉資訊

1 【取得圖片的人臉資訊】能夠在「畫面」變數儲存的照片判斷人臉特徵，並將偵測到的人臉用白色框標示。

範例練習 (迴圈 - 循序)：將偵測到人臉以白色框標示。

使用 Wi-Fi 控制 6xxxx7 — 請填寫你的 Device ID
執行 重複無限次
執行 設定 畫面 為 拍攝照片
設定 人臉資訊 為 取得圖片 畫面 的人臉資訊
LCD 顯示圖片 畫面

2 【取得人臉資訊】從照片的人臉讀取到包含位置（x 座標、y 座標），以及大小（寬度、高度）的資訊。

範例練習（迴圈 - 循序）：偵測到人臉以白色框標示，並在位置處顯示大小。

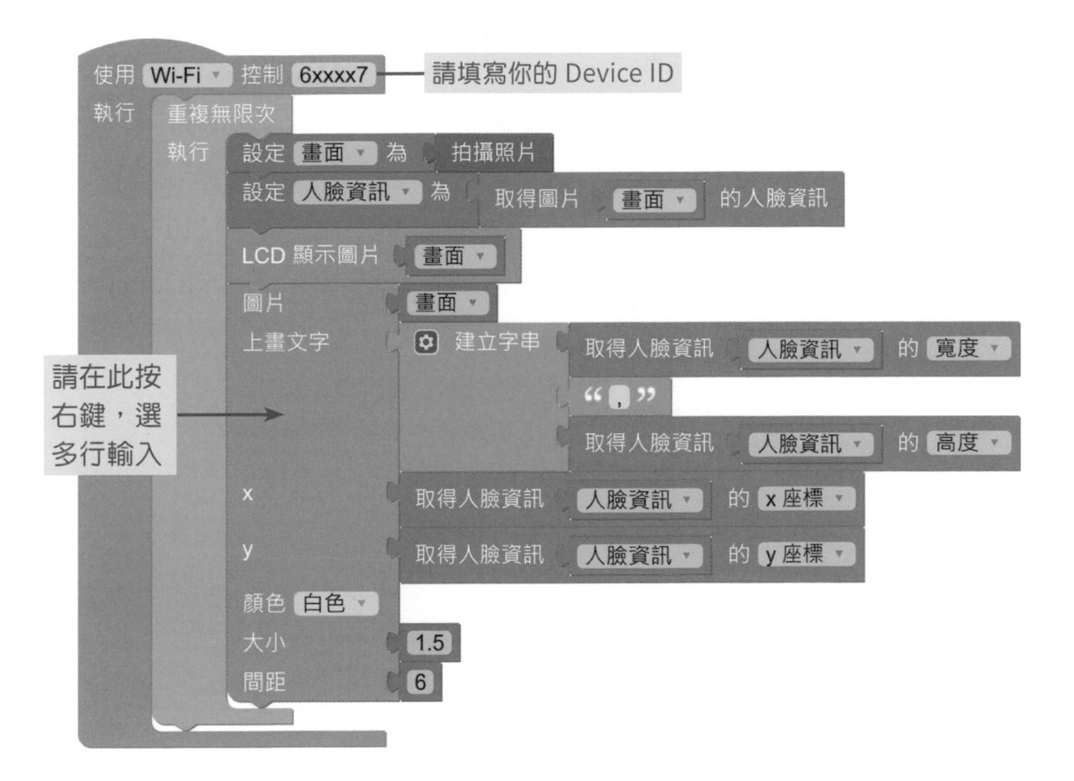

3 【判斷人臉有無帶口罩】針對人臉是否戴著口罩回傳「真（True）」或「假（False）」，更能做出口罩偵測機的應用。

判斷人臉 人臉資訊 有無帶口罩

範例練習 迴圈 - 循序 - 選擇）：開啟主功能選單「範例 / 口罩偵測」，作用為沒配戴口罩時，螢幕顯示紅色「警告！」，配戴著口罩時，螢幕顯示綠色「安全」。

使用 Wi-Fi 控制 6xxxx7 —— 請填寫你的 Device ID
執行 重複無限次
　執行 設定 畫面 為 拍攝照片 —— 請將此變數名稱改為「畫面」
　　設定 人臉資訊 為 取得圖片 畫面 的人臉資訊
　　圖片 畫面 上畫文字 "口罩偵測中..." x 80 y 20 顏色 白色 大小 1.5 間距 20
　　如果 判斷人臉 人臉資訊 有無帶口罩 = 真
　　執行 圖片 畫面 上畫文字 "安全" x 140 y 110 顏色 綠色 大小 1.5 間距 20
　　否則，如果 判斷人臉 人臉資訊 有無帶口罩 = 假
　　執行 圖片 畫面 上畫文字 "警告！" x 140 y 110 顏色 紅色 大小 1.5 間距 20
　　LCD 顯示圖片 畫面

5-1-2 檔案讀寫

Web:AI「檔案讀寫」功能能夠將鏡頭拍攝的圖片存入，副檔名為「.jpg」，並透過 LCD 螢幕顯示的功能，將儲存的圖片展示出來。

如果有插記憶（SD）卡時，檔案會直接儲存在記憶卡上，沒有則儲存至開發板中。

1. 【寫入檔案】將拍攝的照片以指定檔名儲存在開發板或記憶（SD）卡中，會搭配底下的積木讀取出來展示。

2. 【圖片，檔名】通常搭配【LCD 顯示圖片】將指定的檔名顯示出來。

LCD 顯示圖片 圖片，檔名 "logo"

3 【圖片雲端上傳】將拍攝的照片以指定的檔名上傳至雲端儲存，URL 為網址所在（注意：同檔名會被覆蓋）。

4 【圖片雲端下載】從雲端下載指定檔名的圖片，搭配【LCD 顯示圖片】顯示。

圖片雲端下載．檔名 “pic”

NOTE 這個動作只是將圖片暫時存放至開發板或記憶 (SD) 卡，但不會真正儲存。

5 【下載圖片，網址】從指定的網址下載圖片，並以指定的檔名儲存至開發板或記憶（SD）卡中。

下載圖片．網址 “http://” 檔名 “pic”

範例練習（循序 - 事件）：將❶拍攝的照片以「pic」檔名存至開發板或記憶（SD）卡中，也❷以「url」檔名儲存至雲端，最後❸從指定的網址下載圖片，以「google」檔名存至開發板或記憶（SD）卡中；當按鈕開關「L、R、L+R」被按下時分別顯示其照片，執行時請晃動鏡頭，直到螢幕出現「儲存完成」，以取得不同的照片。

使用 Wi-Fi 控制 6xxxx7 ── 請填寫你的 Device ID
執行
❶ 寫入檔案．檔名 “pic” 拍攝照片
❷ 設定 URL 為 圖片雲端上傳 拍攝照片 檔名 “url”
❸ 下載圖片．網址 “https://www.google.com/images/branding/googlelog...” 檔名 “google” ── 請自行找一個圖片網址
LCD 畫文字 “儲存完成” x 110 y 120 顏色 大小 1.5 間距 16
當按鈕開關 L 被 按下
執行 LCD 顯示圖片 圖片．檔名 “pic”
當按鈕開關 R 被 按下
執行 LCD 顯示圖片 圖片雲端下載．檔名 “url”
當按鈕開關 L+R 被 按下
執行 LCD 顯示圖片 圖片．檔名 “google”

5-2 LINE 推播聊天

LINE 聊天操控的積木包含發送推播專用的 LINE（Notify）積木、聊天專用 LINE（Chat）積木，以及回傳訊息、接收的訊息、表情代號三種積木，取得方法如下：

1. 點選主功能選單的「擴充」。
2. 再選取「LINE」，底下會出現「已經加入」字樣表示選取成功。

3. 在積木清單的「擴充功能」就能找到這個積木。

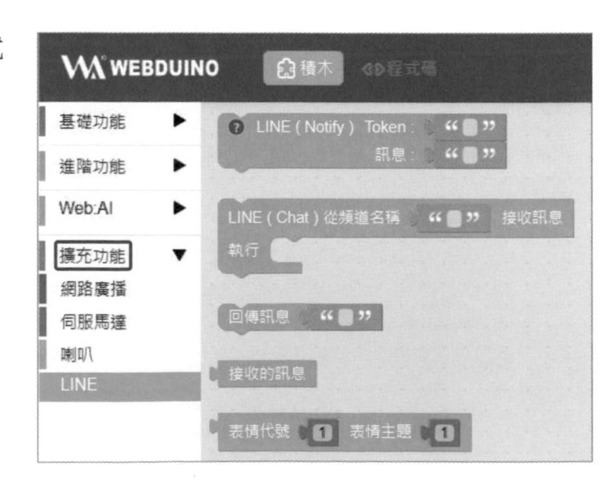

4 Notify 及 Chat 的差異如下表整理：

服務名稱	啟用方式	推播方式	推播管道
Notify	開通權杖	主動傳訊	權杖
Chat	QR Code 加入好友	被動回覆	頻道

5-2-1 LINE Notify

【LINE（ Notify ）】是 LINE 所提供的一項非常方便的推播服務，常用來做為訊息自動化的通知功能，要使用這個服務之前，您必須先前往 LINE Notify 的網站（https://notify-bot.line.me/zh_TW），使用自己的 LINE 帳號及密碼登入，申請 LINE Notify 權杖，其操作步驟如下：

1 登入後，點選右上方個人帳號，選擇「個人頁面」。

2. 「發行權杖」的作用在於讓「連動的服務」可以透過 LINE Notify 發送訊息通知，發行後的權杖與其名稱會出現在上方的清單中。

3. 點選「發行權杖」，指定權杖名稱，如「智慧管家」（傳送通知訊息時所顯示的名稱），以及選擇是要 1 對 1 接收，或是讓群組也可以接收通知。

4. 點選「發行」，會出現一段權杖代碼，由於代碼「只會出現一次」，請先「複製」這段代碼到記事本儲存，就可以點選下方按鈕「關閉」離開。

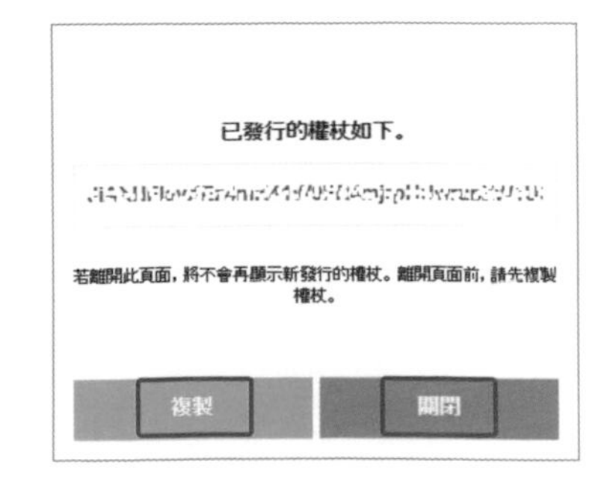

5 完成後在連動的服務裡，就會出現了自訂的服務。

6 同時，LINE 訊息裡也會收到 LINE Notify 發出「已發行個人存取權杖」的訊息，到這裡表示已經設定完成。

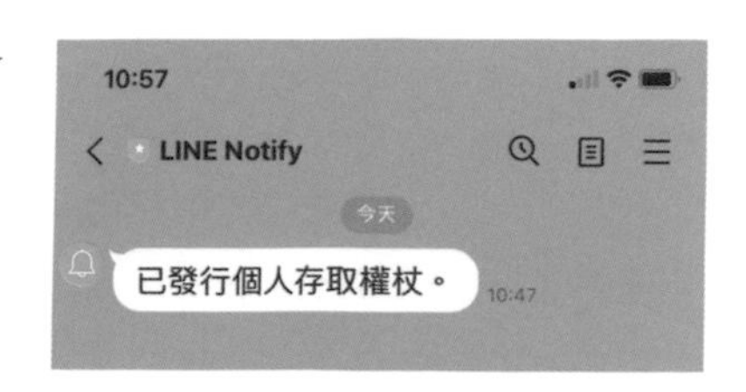

7 使用 LINE Notify 積木，在「Token」的位置填入剛剛產生的權杖代碼，在發送「訊息」的位置填入欲發送的訊息，執行後，自己的 LINE 就會收到 LINE Notify 的訊息。

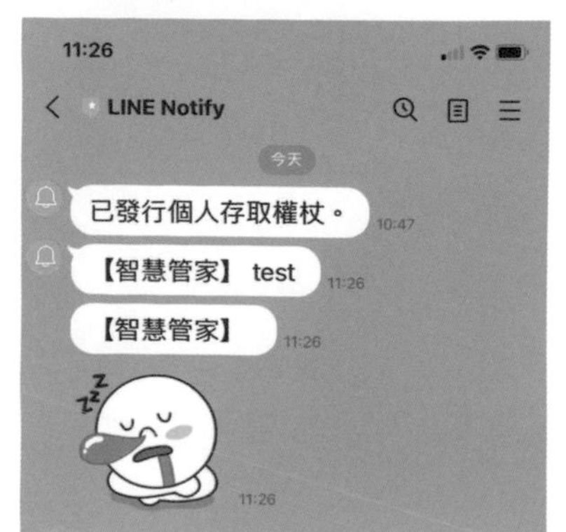

NOTE

【LINE Notify】屬於「發送 LINE Notify 之後，才會繼續執行下方程式」的類型（前方 ? 會提示），當程式遇到這個積木會暫停，直到發送訊息後才再繼續。

5-2-2 LINE Chat

【LINE (Chat)】能讓我們透過「聊天」的方式，接收從 LINE 發送過來的訊息，透過訊息和開發板互動，常用來打造特定任務的聊天機器人，其操作步驟如下：

TIP 【LINE (Chat)】是屬於「一來一往」的積木，接收一則訊息才能回應一則訊息，無法像【LINE (Notify)】可以主動發送訊息。

1. 要使用 LINE Chat 功能，必須先加入 Webduino AIoT 為 LINE 好友，使用 LINE 掃描下方 QRCode 加入好友。

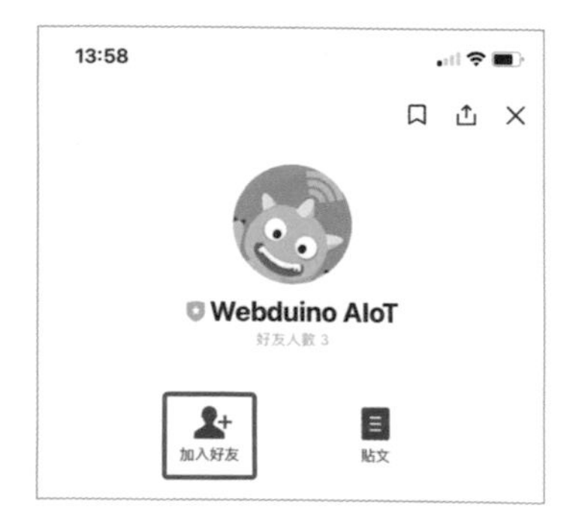

2. 加入好友後，會收到一則歡迎訊息，並告知輸入「help」查看可使用的命令（注意：所有命令要以小寫輸入才會有作用）。

3. 當我們輸入「help」後，會顯示下列五個提示：
   - 輸入「id」兩個英文字母，取得頻道名稱（為 5 位的英文數字組合）。
   - 輸入「newid」產生新的頻道名稱。
   - 輸入「id: 名稱」自訂頻道名稱（可能會重複，長度最大為 10）。
   - 輸入「test」進行連線測試。
   - 輸入「help」查看命令。
4. 按照指示輸入「id」兩個英文字母，就會收到系統配發的頻道名稱，如果是自訂頻道名稱，則可能會和別人的名稱重複，也就可能會收到別人的訊息。

範例練習（事件 - 選擇 - 循序）：LINE 控制 Web:AI 開發板開關燈（開燈：螢幕全亮，關燈：螢幕全暗），其中頻道名稱請輸入上圖紅色框的資料，執行時請在 Webduino AIoT 聊天機器人內輸入文字，然後觀看開發板螢幕變化。

TIP 您可以讓其他人都加入 Webduino AIoT 為好友，再用「id: 名稱」自訂頻道名稱，比如說「小明家的遙控器」，然後積木程式的頻道名稱也改成這樣，那麼大家就都可以一起控制 Web:AI 動作。

請填寫你的 Device ID

```
使用 Wi-Fi 控制 6xxxx7
執行 LINE ( Chat ) 從頻道名稱 "5xxxx" 接收訊息
  執行 如果 接收的訊息 = "開燈"
    執行 LCD 畫矩形，起點 x 0 y 0 寬 320 高 240 顏色 □ 線粗 1 填滿 ✓
         回傳訊息 "燈已開啟"
       如果 接收的訊息 = "關燈"
    執行 清除 LCD 畫面
         回傳訊息 "燈已關閉"
```

5-2-3 表情代號

不管是使用 LINE Notify 或是 LINE Chat 都可以傳送貼圖訊息，這時候就需要用到【表情代碼】積木。

使用時需要按照 LINE Developers 文件說明（請掃描 QRCode 即可進入）
https://developers.line.biz/en/docs/messaging-api/sticker-list

輸入指定的「表情代號」及「表情主題」。

- 表情代號：Sticker ID
- 表情主題：Package ID

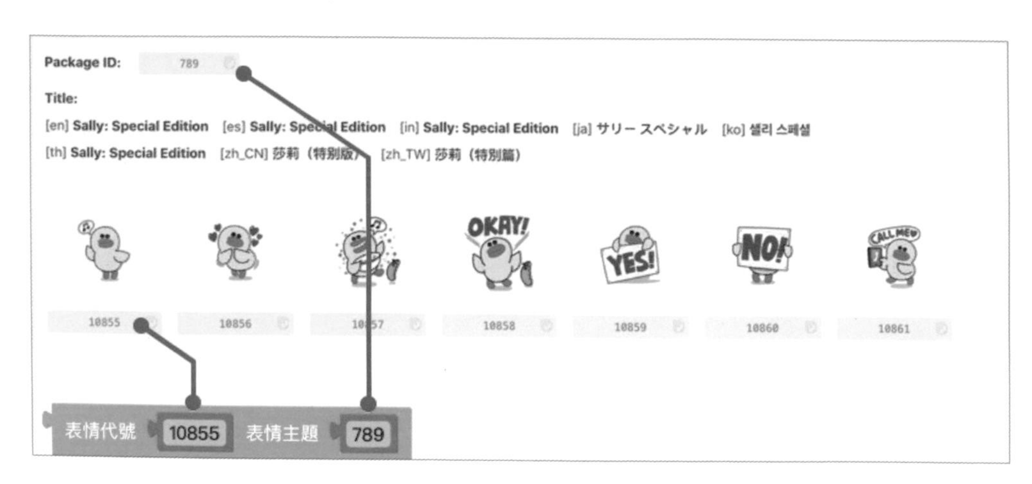

5-3 網路廣播、Web:Bit 語音

Web:AI 的網路廣播功能，不僅能讓開發板彼此之間資訊互動，更可以和 Webduino 的其它平台連動，實現一對多、多對一、虛實互動、遠距廣播…等多樣化的操控情境，積木位於「擴充功能 / 網路廣播」。我們以此技術連動到 Web:Bit 教育版平台，運用 Google 語音辨識及電腦合成的語音朗讀，辨識和唸出我們指定的語音。

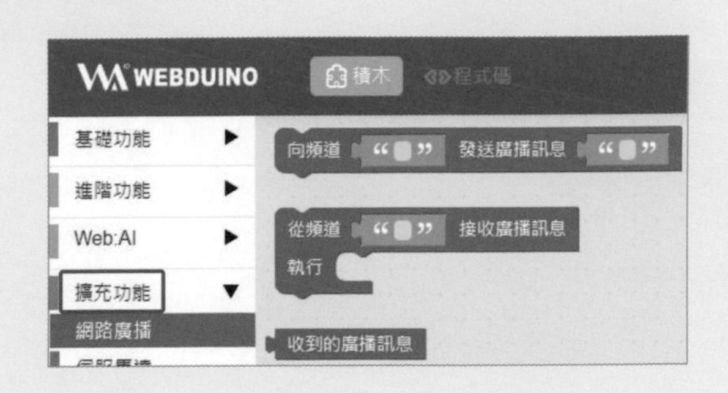

5-3-1 網路廣播

1. 【發送廣播訊息】可以指定一個頻道名稱，並對這個頻道發送訊息文字，只要頻道名稱相同，所有在該頻道上的裝置都能收到廣播訊息。

執行程式遇到【發送廣播訊息】會暫停，直到發送廣播訊息後才會再繼續。

2. 【接收廣播訊息】可以指定一個頻道名稱，不斷收聽這個頻道的變化，類似事件驅動的概念，並透過【收到的廣播訊息】積木顯示。

範例練習（事件 - 循序）：當按下「L」鈕時，向「test」頻道發送廣播訊息「系統測試」，此時接收到廣播訊息積木則將訊息顯示在 LCD 螢幕；當按下「R」鈕時清除螢幕（執行時螢幕全黑，您可以分別按下「L」及「R」鈕測試）。

使用 Wi-Fi 控制 6xxxx7 ── 請填寫你的 Device ID
執行
　從頻道 "test" 接收廣播訊息
　執行 LCD 畫文字 收到的廣播訊息 x 100 y 120 顏色 大小 1.5 間距 16
　當按鈕開關 L 被 按下
　執行 向頻道 "test" 發送廣播訊息 "系統測試"
　當按鈕開關 R 被 按下
　執行 清除 LCD 畫面

5-3-2 Web:Bit 語音

Webduino 於 2019 年推出了「Web:Bit 教育版」，是基於 Webduino Bit 所延伸的教學版本，分成「編輯器」和「開發板」兩個部分，藉由軟硬體的整合，可以學習程式設計、數學邏輯和網路知識，進入方式如下步驟：

1. 從 Webduino 官網把螢幕往下拉至中間處即可看到。

NOTE

請注意 Web:Bit 教育版與 Web:AI 是兩個不同的程式編輯平台。

② 點選「免費體驗」即可進入 Web:Bit 教育版，右上角「執行」即可執行程式。

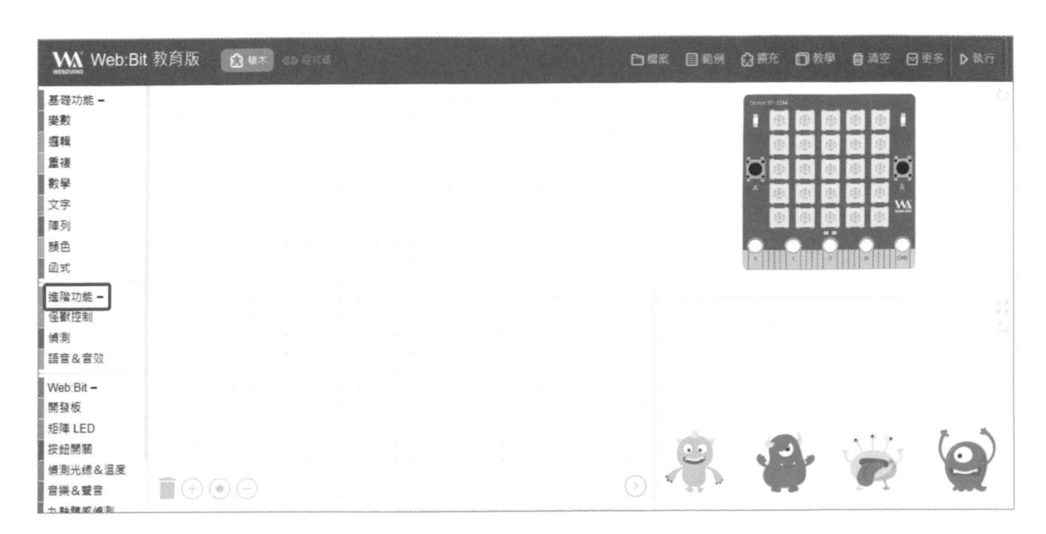

❶【朗讀文字】是透過電腦的語音合成器，唸出我們指定的語言，可以調整語音的速度和音調，變化出許多有趣的花樣，積木包含三種語（中文、英文或日文），五種音調和五種速度。積木位於「進階功能 / 語音 & 音效」。

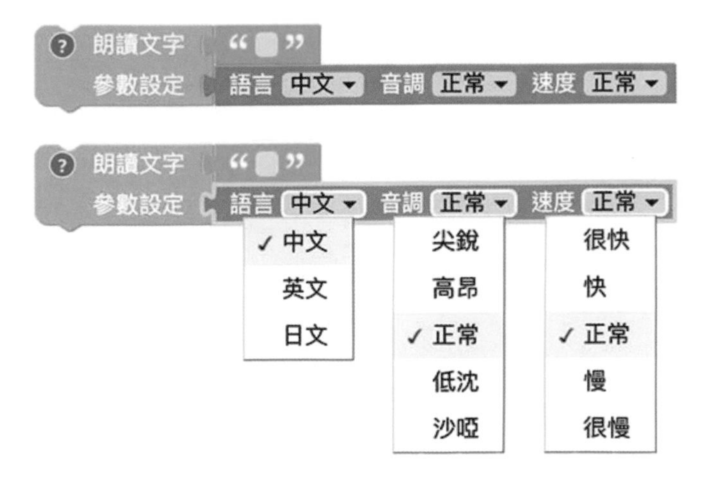

❷【語音辨識】可以分別識別中文和英文的語言，無法進行中英文混雜的辨識，透過【語音辨識的文字】來得知辨識結果。積木位於「進階功能 / 語音 & 音效」。（僅支援 Chrome、Android）

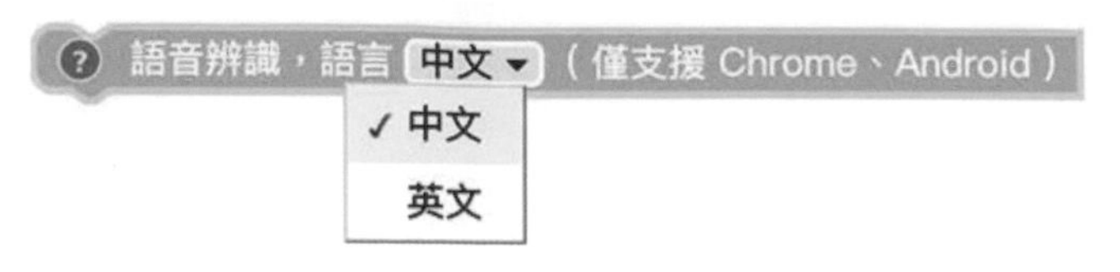

範例練習（循序）：說話學習機，會把說過的話復誦一次（請在手機或筆電執行）。

5-4 來客 LINE 通知 / 傳訊

「來客 LINE 通知 / 傳訊」系統由兩個部份構成，彼此透過「網路廣播」連動：

1. 「Web:AI 開發板」負責偵測人臉及 LINE Notify 通知、LINE Chat 傳訊。
2. 「Web:Bit 教育版平台」負責語音辨識及朗讀。

5-4-1 系統流程圖

Web:Bit 教育版平台

不斷地接收 Web:AI 廣播訊息，有的話進行語音辨識，完成後發送廣播訊息。

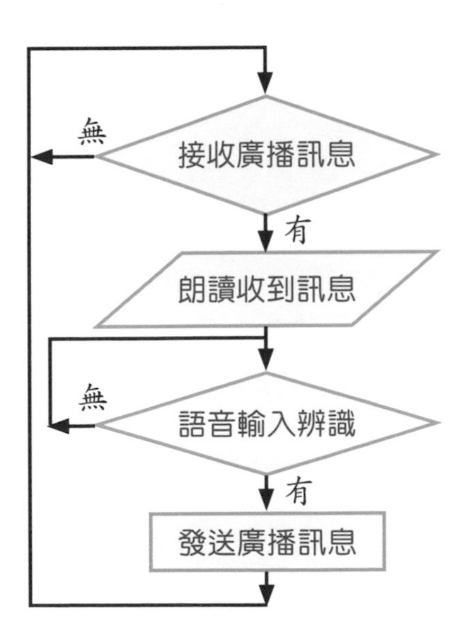

Web:AI 開發板

共有兩個事件及 1 個主程式迴圈：

- 不斷地接收 Web:Bit 廣播訊息，有的話發送 LINE Notify 通知。
- 不斷地接收 LINE Chat 訊息，有的話發送廣播訊息給 Web:Bit。
- 不斷地拍照辨識是否為人臉，是的話發送 LINE Notify 通知；不是則在 LCD 螢幕顯示「人臉偵測中…」。

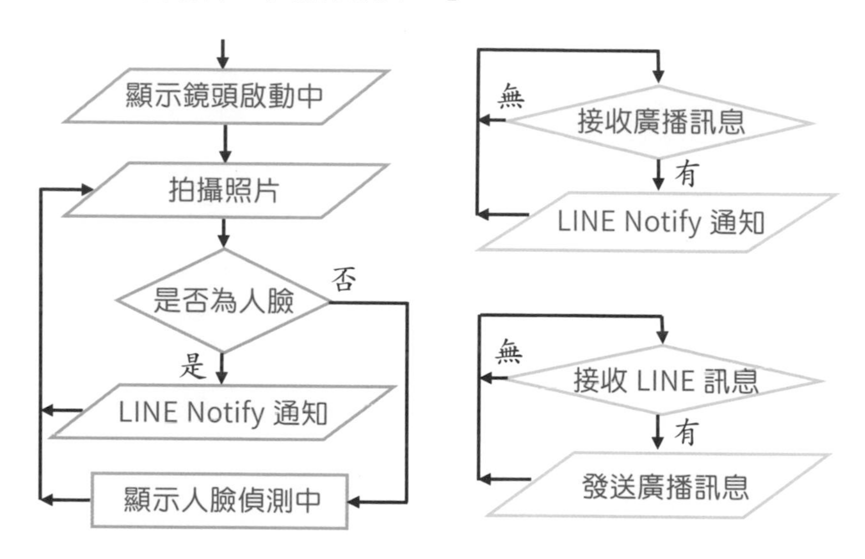

5-4-2 程式設計

Web:Bit 教育版平台（事件 - 循序）

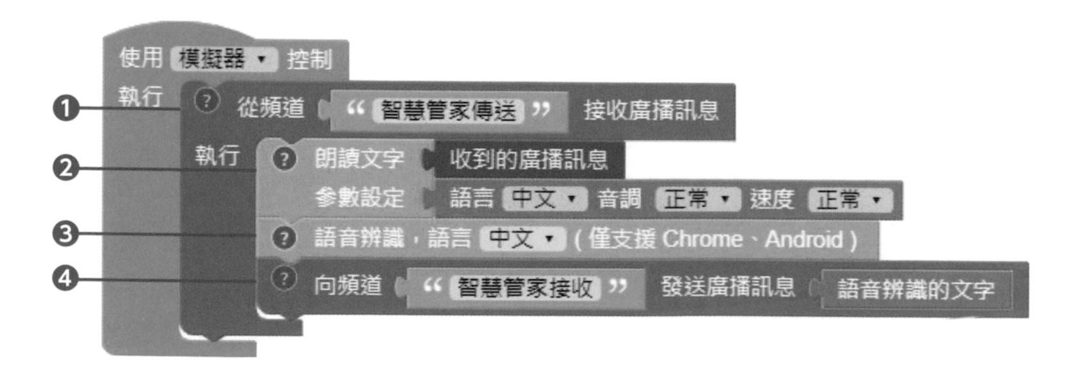

❶ 從頻道「智慧管家傳送」接收廣播訊息，此乃 Web:AI 開發板發出。

❷ 朗讀收到的廣播訊息。

❸ 語音輸入進行辨識，如果沒聲音輸入會一直等到有聲音輸入才會辨識。

❹ 向頻道「智慧管家接收」發送廣播訊息，此乃發給 Web:AI 開發板。

Web:AI 開發板（事件 - 循序、迴圈 - 循序 - 選擇）

```
使用 Wi-Fi 控制 6xxxx7                                  ← 請填寫你的 Device ID
執行
❶ 從頻道 "智慧管家接收" 接收廣播訊息
   執行 LINE ( Notify ) Token : "[illegible]"
                        訊息 : 收到的廣播訊息
❷ LINE ( Chat ) 從頻道名稱 "[illegible]" 接收訊息
   執行 向頻道 "智慧管家傳送" 發送廣播訊息 接收的訊息
        回傳訊息 "訊息已傳達。"
❸ LCD 畫文字 "鏡頭啟動中..." x 90 y 110 顏色 白色 大小 1.5 間距 16
   重複無限次
   執行
❹   設定 畫面 為 拍攝照片
     設定 人臉資訊 為 取得圖片 畫面 的人臉資訊
❺   如果 取得人臉資訊 人臉資訊 的 x 座標 = 0 且 取得人臉資訊 人臉資訊 的 y 座標 = 0
     執行 LCD 畫文字 "人臉偵測中" x 110 y 40 顏色 白色 大小 1.5 間距 16
     否則 LCD 畫文字 建立字串 "("
                              取得人臉資訊 人臉資訊 的 x 座標
                              ","
                              取得人臉資訊 人臉資訊 的 y 座標
                              ")"
                     x 120 y 110 顏色 白色 大小 1.5 間距 6
          設定 URL 為 圖片雲端上傳 畫面 檔名 "pic"
          LINE ( Notify ) Token : "[illegible]"
                         訊息 : 建立字串 "有客人來訪!"
                                         URL
          等待 5 秒
     等待 1 秒
```

❶ 從頻道「智慧管家接收」接收廣播訊息，此乃 Web:Bit 教育版平台發出。

❷ 從手機 Webduino AIoT 接收訊息，有的話向頻道「智慧管家傳送」發送廣播訊息，此乃發給 Web:Bit 教育版平台。

❸ 開發板 LCD 螢幕顯示「鏡頭啟動中…」。

❹ 拍照並截取人臉資訊。

❺ 如果人臉資訊的 x、y 座標都不為 0，表示偵測到人臉，將照片上傳至雲端，同時透過 LINE Notify 通知主人，否則的話螢幕顯示「人臉偵測中…」。

5-4-3 執行測試

因為「來客 LINE 通知 / 傳訊」系統是由「Web:Bit 教育版平台」及「Web:AI 開發板」兩個部份構成的，所以撰寫程式及執行流程如下步驟：

1. 請在手機或筆記型電腦開啟「Web:Bit 教育版平台」，將上述 5-4-2「Web:Bit 教育版平台」程式碼部份撰寫並按下右上角「執行」。
2. Web:AI 開發板程式碼部份，請依照平時撰寫方式部署到開發板上執行。
3. 當訪客對著 Web:AI 開發板鏡頭，人臉會被偵測並透過 LINE Notify 通知主人。
4. 此時主人能夠透過 Webduino AIoT 聊天機器人傳訊給訪客，並以語音告知。
5. 訪客聽到語音後也可以說話透過 LINE Notify 回覆主人。

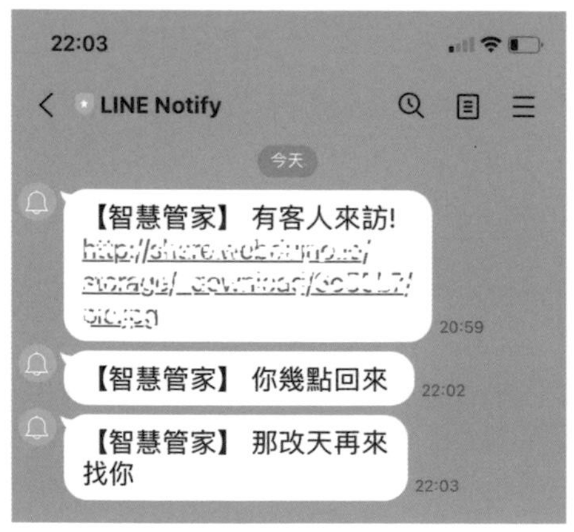

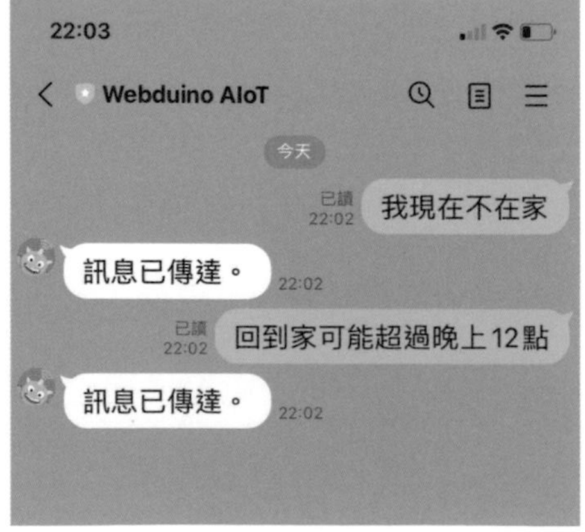

5

5-5 課後評量

1. 請問 Web:AI 開發板的【取得人臉資訊】可以偵測到哪些資訊？

2. 請問【圖片雲端下載】積木和【下載圖片，網址】積木有什麼不同？

圖片雲端下載，檔名 “ pic ”　　下載圖片，網址 “ http:// ” 檔名 “ pic ”

3. 請用人臉追蹤功能設計一個居家防盜系統：當系統啟動後辨識到有人靠近時，會將此人拍照並透過 LINE Notify 通知主人您。

4. 設計一個能使用 Webduino AIoT 聊天機器人控制 Web:AI 開發板，其命令如下：

   - 開燈：在 LCD 螢幕填滿黃色的矩形，回傳訊息「電燈已開啟」。
   - 關燈：清除 LCD 螢幕，回傳訊息「電燈已關閉」。
   - 音樂：播放內建「laugh.wav」聲音，回傳訊息「音樂已播放」。
   - 拍照：立即拍攝照片並顯示在 LCD 螢幕，回傳訊息「照片已拍攝」。

請注意：不要插記憶（SD）卡，才能播放內建音樂。

5. 請使用「網路廣播」功能，設計一個能夠從「Web:Bit 教育版平台」語音控制「Web:AI 開發板」的動作，其語音命令如下：

   - 開燈：在 LCD 螢幕填滿白色的矩形，語音回報「電燈已開啟」。
   - 關燈：清除 LCD 螢幕，語音回報「電燈已關閉」。

6. 請比較題目 4 及 5 的控制方式有何不同？（如：誰是主控端？誰是被控端？）

MEMO

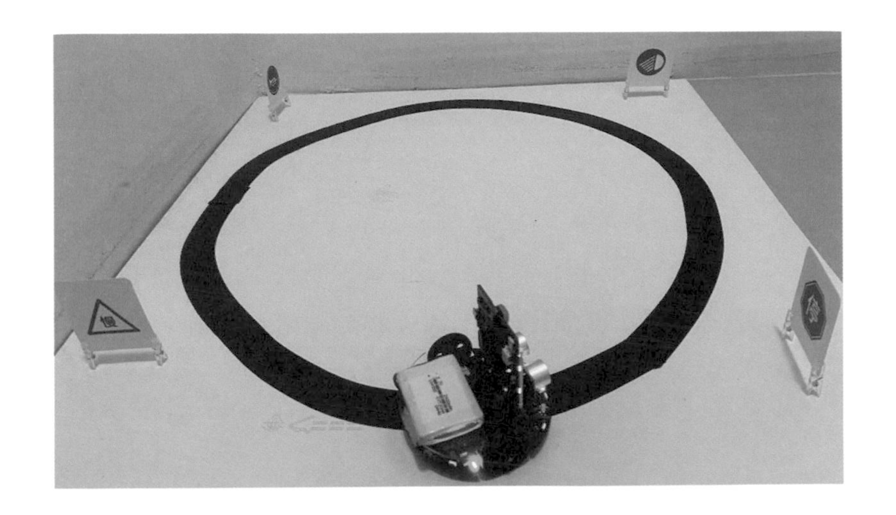

自動駕駛是一種不需要人類操作即可以自行駕駛的技術，其方法有很多種，有的是用光學雷達，有的是用 GPS，甚至有的是用電腦視覺來達成。

我們以 MoonCar 的循跡自走，搭配上 Web:AI 的物件追蹤來模擬自動駕駛功能，「循跡自走」是用 IR 循線感測器偵測路線後，對車子作出對應的控制；「物件追蹤」則是透過鏡頭辨識出交通號誌卡再作出相應的動作，所以使用這個功能前必須將這些交通號誌卡經過物件追蹤的訓練，並做成模型提供給積木程式來使用。

6

自走車辨識號誌卡

- Web:AI MoonCar
- 物件追蹤
- 自走車辨識號誌卡

6-1 Web:AI MoonCar

Web:AI MoonCar 是基於 MoonCar 的循跡功能、超音波避障及魔幻 LED，加上 Web:AI 的 AI 運算和交通號誌卡、透明支撐夾組合而成的最新套件(本章教學是以此套件為介紹內容)，不論是車子循跡、避障、辨識顏色或是物件的追蹤，都可以輕鬆透過自動駕駛車的原理將 AI 教育融入課堂中，讓學生可以同時學習物聯網、程式編寫與 AI 人工智慧。

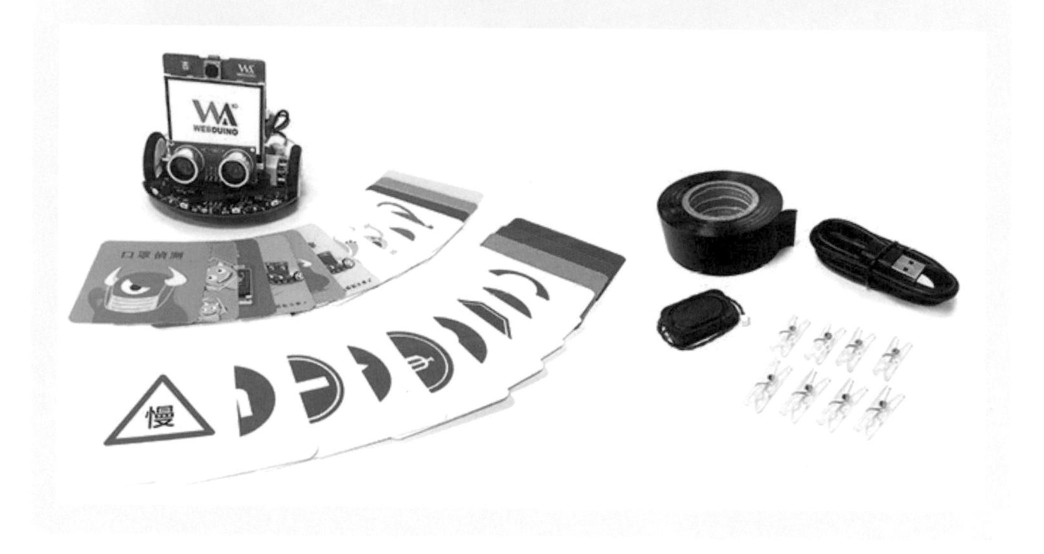

6-1-1 MoonCar 元件介紹

MoonCar 本來是專門為 Web:Bit 開發板所設計的自走車，它的插槽除了 Web:Bit 外，也能與 Web:AI 開發板相容，底下兩張分別是上方及下方元件的圖。

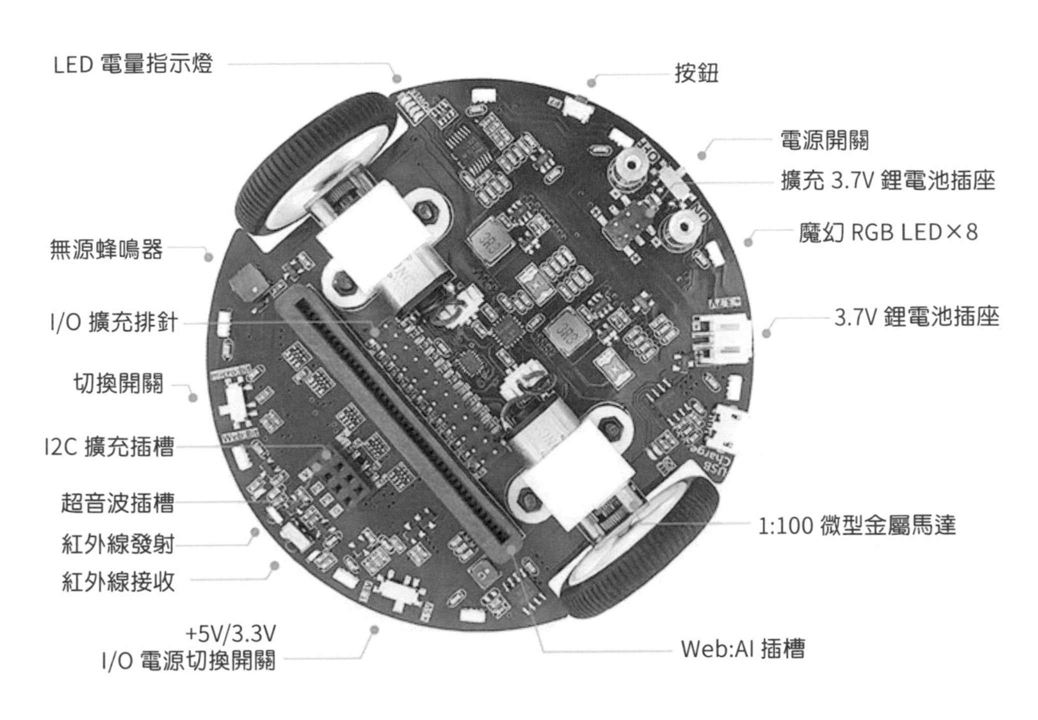

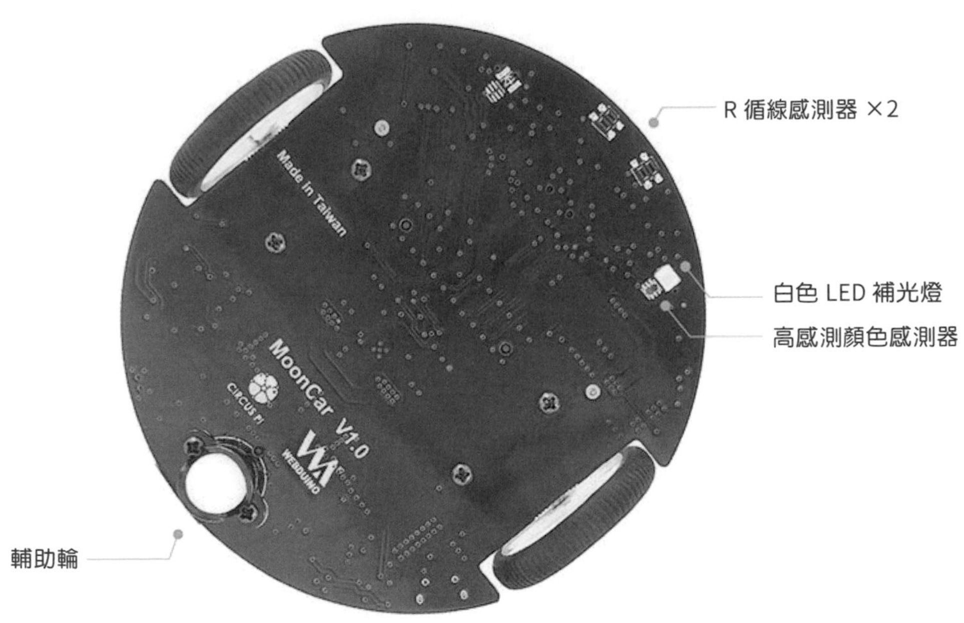

要撰寫 MoonCar 自走車的相關控制或應用，必須先取得積木才行，其步驟如下：

1. 點選主功能選單的「擴充」。
2. 再選取「Web:AI MoonCar」，底下會出現「已經加入」字樣表示選取成功。

3. 在積木清單的「擴充功能」就可找到這個積木。

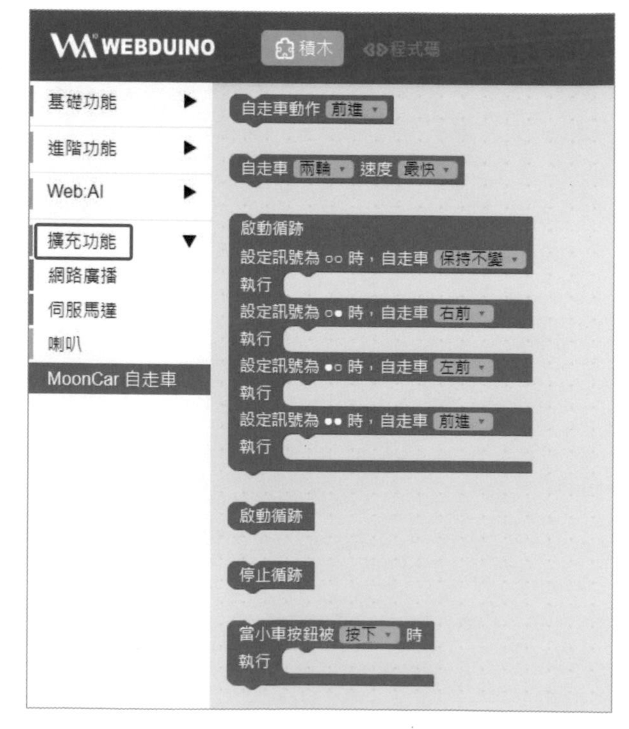

6-1-2 基本控制

① 【自走車動作】可以用來操控車子的前、後、左、右等動作。

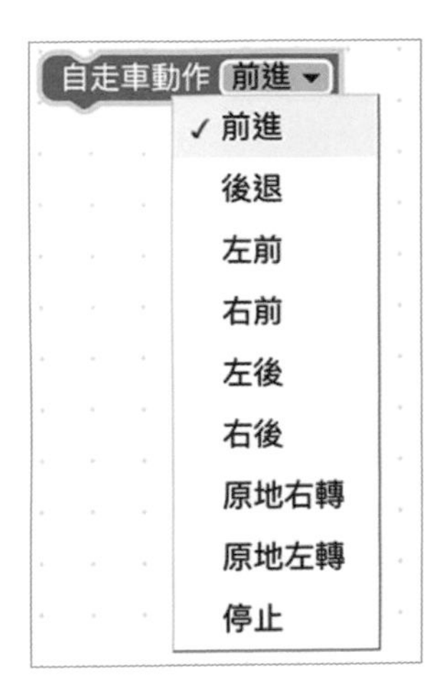

② 【自走車速度】除了可調整移動速度外，還能個別設定左、右的馬達轉速。

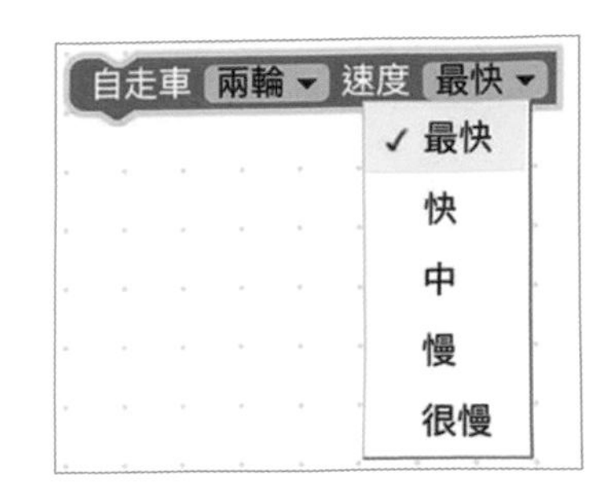

範例練習（事件 - 循序）：使用小怪獸控制車子動作。

✓ 從 Web:AI 程式積木的「更多」開啟網頁互動區域，再把怪獸如下擺放：

- 從「擴充功能 /MoonCar 自走車」和「進階功能 / 怪獸控制」撰寫如下的 MoonCar 控制程式，程式結構為「循序 - 事件」，完成後點擊小怪獸測試。

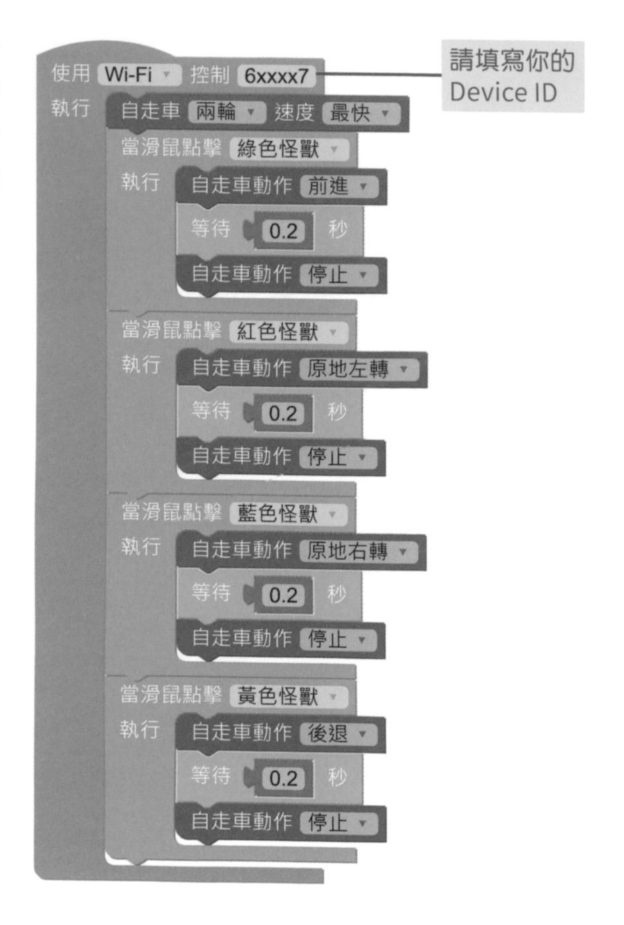

6-1-3 循跡自走

1. 循跡自走是透過 MoonCar 底部的 IR 循線感測器，來感測路線狀況，並在 MoonCar 底盤上方對應的綠色 LED 反映出結果。

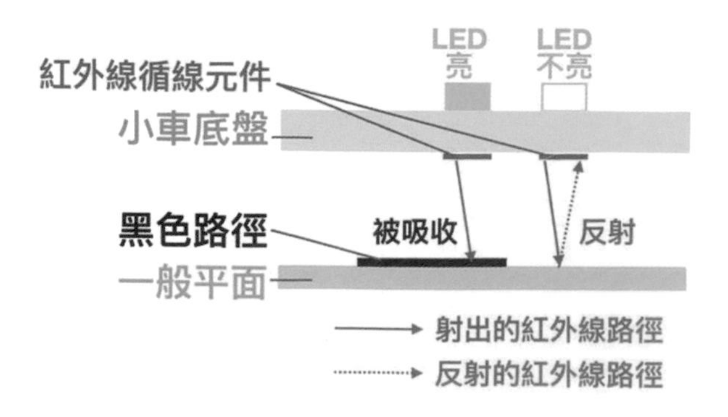

2. 簡單來說，左右兩個循線感應器，會往下發出垂直於路面的紅外光（IR），來偵測目前是否在「黑色路徑」上：如果是的話，底盤上方相對應的綠色 LED 就會亮起，否則就不亮。

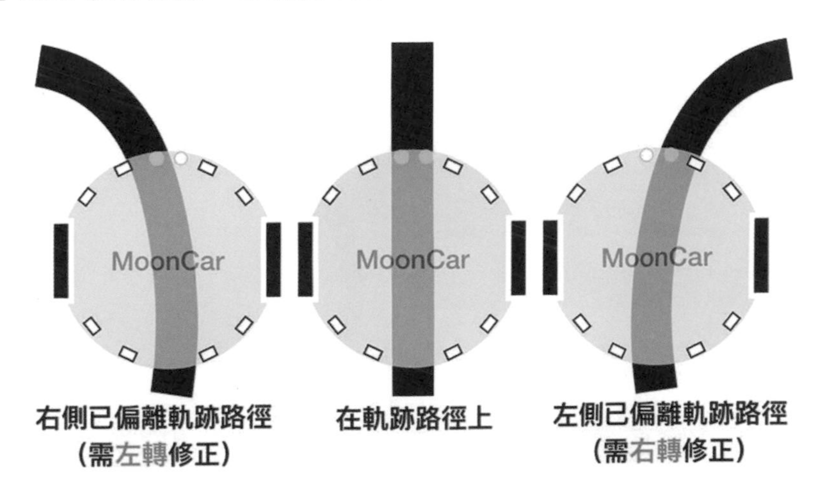

3. 【啟動循跡設定訊號為】是內建的循跡功能積木，只要將車子放在軌跡上就可以循著你所設計的路線行走。(白色圓圈表示在軌跡上，亮綠燈)

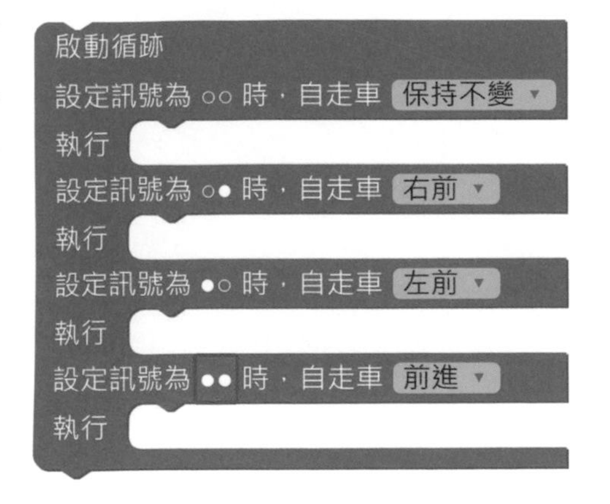

TIP

在【啟動循跡設定訊號為】裡，自走車的「保持不變」是指示車子持續進行原本的（前進、後退、左轉、右轉…等）任何動作。初期若因為速度過快導致 MoonCar 跑出原本的設計路線的話，可以先透過「自走車速度」積木來進行調整。

範例練習（選擇）：在軌跡上循跡前進。（如果車子不會動，請拿起來再放下即可）

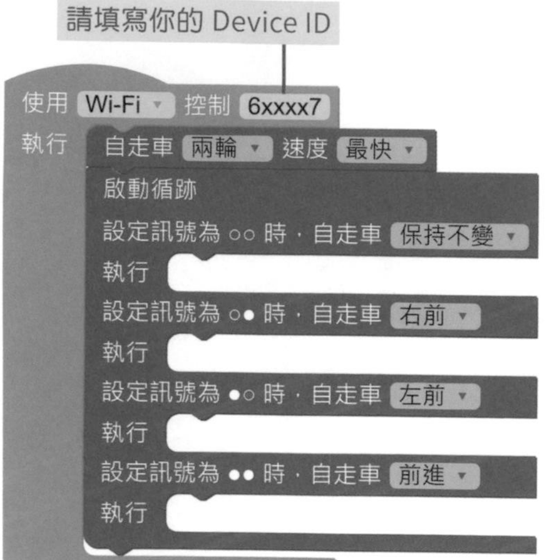

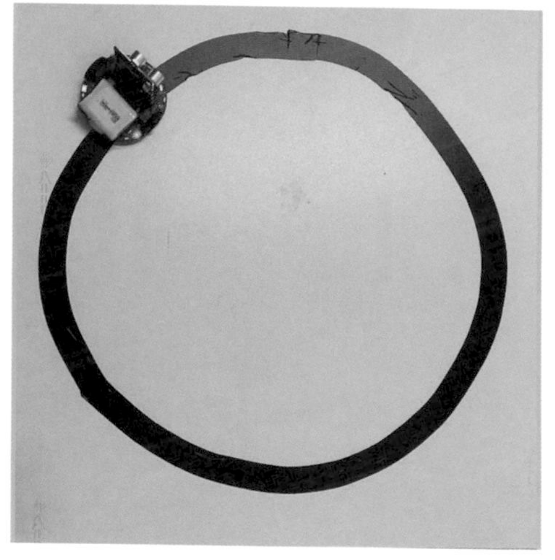

6-1-4 其他功能

一、顏色識別

顏色識別功能可以搭配套件中所附贈（或自備）的顏色卡片，來讓 MoonCar 識別出當下所在（區域）位置，做出相對應的處理。

顏色傳感器測得 深藍色

二、超音波測距

超音波感測器主要用來偵測距離，透過發送的超音波碰撞到物體之後反射回來的時間差，就能計算超音波感測器與相對應物體之間的距離。

超音波傳感器所擷取的距離（公分）

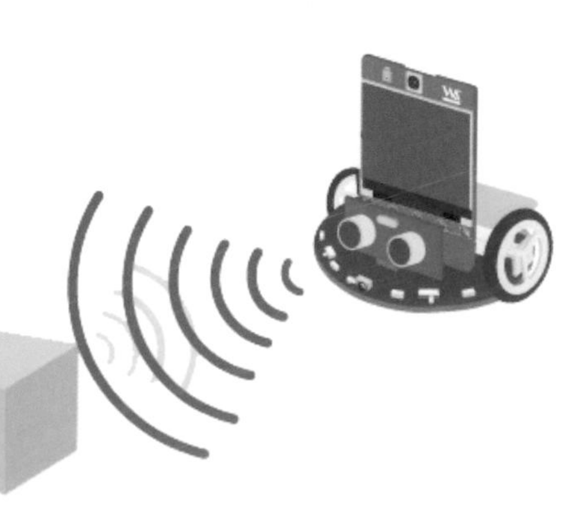

三、魔幻 LED

車子的四周增加 8 顆全彩 LED(如下圖所示)，以便讓大家做出更炫的燈號效果。

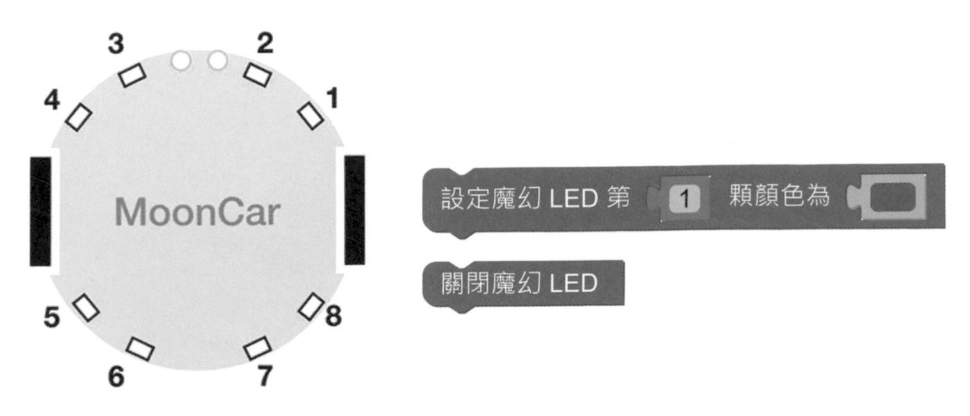

魔幻 RGB LED 配置

範例練習（重複 - 選擇 - 循序）：魔幻 LED 會根據地板是紅色的，或是綠色的變化。

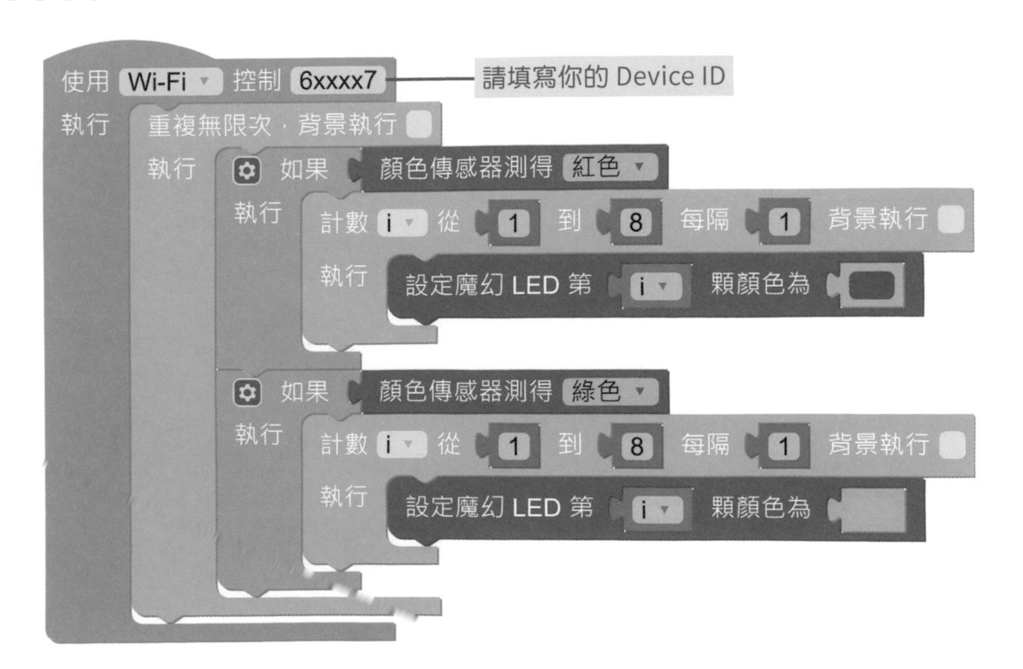

6-2 物件追蹤

物件追蹤技術包括物件偵測及追蹤 2 個部份，演算法會比影像分類來得複雜，所以模型訓練的時間相對久一些，通常要 1 個小時左右，其操作流程為：❶建立影像的分類，接著❷建立物件追蹤的模型，將分類影像放入模型中訓練，完成後再❸下載模型至開發板內，就可以❹使用程式積木透過模型來進行物件追蹤。

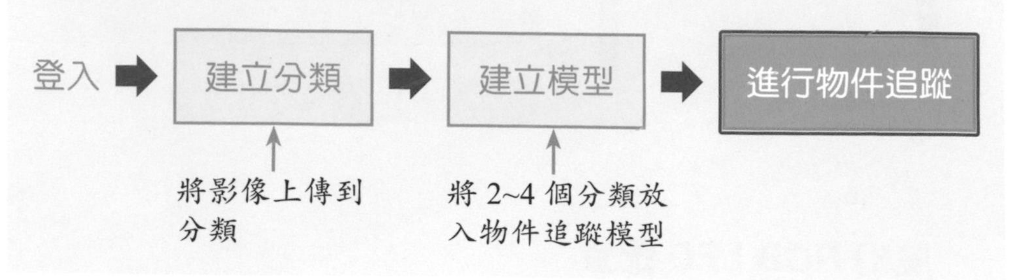

6-2-1 建立分類

① 影像訓練平台

Ⓐ 從「Webduino 教育平台」點選「Webduino 影像訓練平台」。

Ⓑ 使用「註冊」或 Google/FB 帳號、密碼登入，再點選「同意授權」即可。

② 建立號誌卡分類

Ⓐ 請在「分類」列表中點擊「新增」按鈕，跳出「建立分類」視窗。

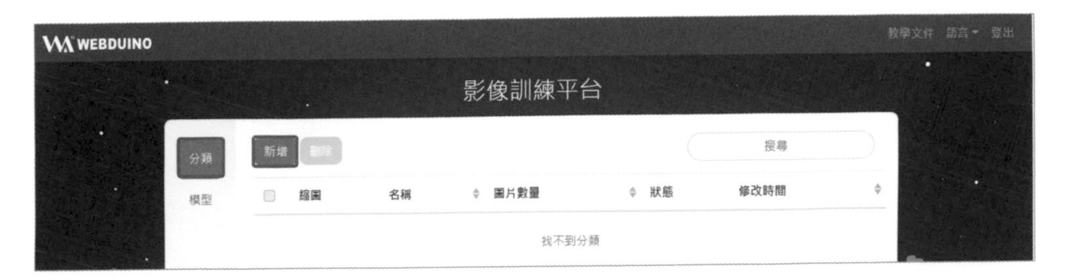

Ⓑ 請依下列說明填入資料。(拿出 Web:AI MoonCar 套件中的慢行號誌卡)

- 輸入分類名稱，名稱自訂，如「slow」代表慢行號誌卡。
- 選擇分享狀態為私人分類。
- 影像上傳方式點選「Web:AI」。(上傳影像或攝影鏡頭效果比較不好)

Ⓒ 分類數量：10 及輸入 Web:AI 開發板的「Device ID」，按下「建立分類」。

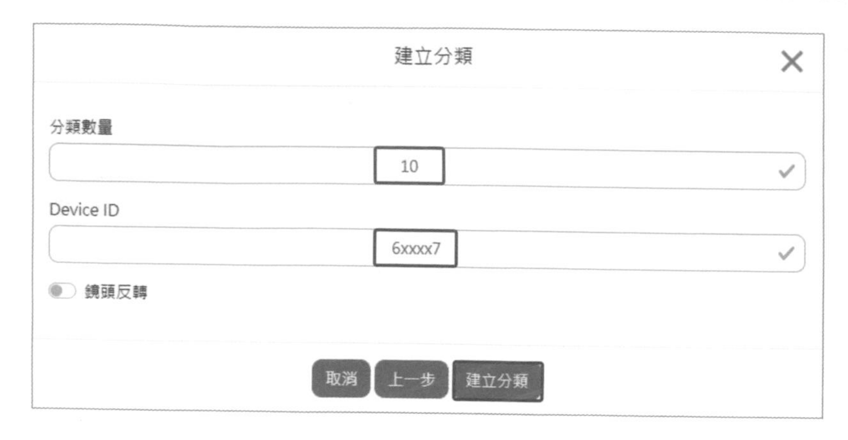

Ⓓ 當看到「傳送指令成功」訊息，就可以按下「x」關閉視窗。

③ 拍攝影像

傳送指令成功後，開發板會重新啟動，進入拍照模式，拍照時，請讓拍攝物體跟白色框大小相當。

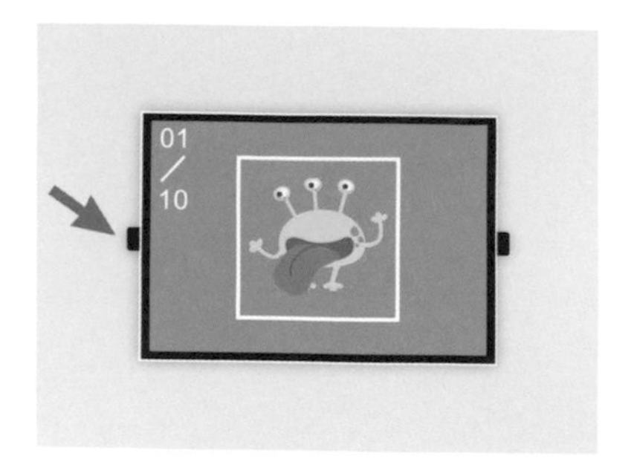

④ 上傳影像

拍完設定的照片數量後，畫面會出現 save…OK，然後開始上傳圖片，完成後會出現「Upload Completed. push (RST) Button to restart」，請重新開機。

⑤ 建立多個分類

重複上述「建立號誌卡分類、拍攝影像及上傳影像」步驟，建立「light (開亮頭燈)、speaker(喇叭)、stop(先停再開)」的分類。

6-2-2 建立模型

1. 建立完分類後，請點擊「模型」/「新增」按鈕，跳出「新增模型」視窗。

2. 請依下列說明填入資料。

- 輸入模型名稱為「car」。
- 選擇模型種類為「物件追蹤」。
- 選擇分享狀態為「私人模型」。
- 模型建立方式請點選「挑選分類」。

3. 從分類列表中點選要進行影像辨識的分類，點擊「建立模型」，等待模型訓練。

新增模型

搜尋分類

縮圖	名稱	圖片數量	狀態	修改時間
	light	10	已就緒	2021/8/19
	slow	10	已就緒	2021/8/19
	speaker	10	已就緒	2021/8/19
	stop	10	已就緒	2021/8/20

‹ 1 ›

取消　上一步　建立模型

4. 完成後（請注意：物件追蹤會訓練的比較久，大約 1 個小時左右，因此當它訓練好時會以 email 通知您），「建立模型」視窗會自動關閉，此時在模型列表中可以找到建立的模型，包含「分類名稱」及「模型種類」。

6-2-3 下載模型

1. 點擊要進行影像辨識的模型，跳出「模型選項」視窗，點選「下載模型」。

2. 輸入開發板「Device ID」，點擊「下載模型」後傳送指令，出現「傳送指令成功」訊息即開始下載模型。

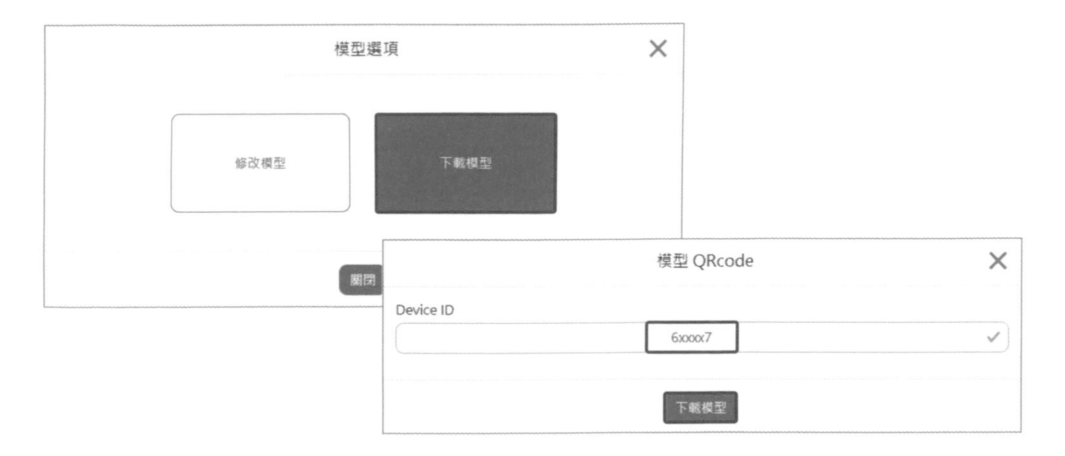

3. 開發板畫面會出現「Run…xx%」的下載進度，完成後會出現「Download Completed. push (RST) Button to restart」，請重新開機。

6-2-4 使用程式積木執行影像追蹤

影像追蹤分類，積木位於「進階功能 / 物件追蹤」。

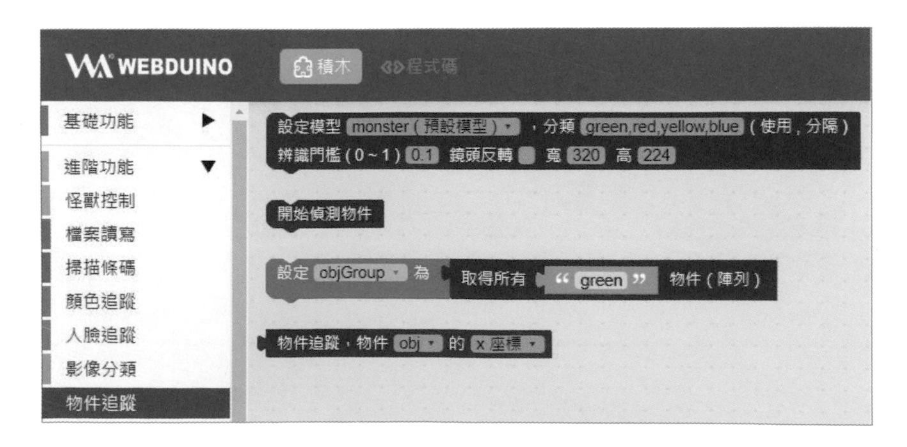

- 開始偵測物件：每次只會觸發 1 次物件追蹤。

開始偵測物件

- 取得所有物件：取得偵測到的物件，資訊內容在物件追蹤說明。

設定 objGroup 為 取得所有 “ green ” 物件（陣列）

- 物件追蹤：包含 x 座標、y 座標、寬、高及信心度。（信心度最高為 1、最低為 0，若信心度越高，代表偵測錯誤的可能性越低）

物件追蹤，物件 obj 的 x 座標

1. 到程式積木平台，點擊上方主功能選單中的「範例」。

檔案 範例 擴充 教學 清空 更多 執行

2. 開啟後，點擊「進階功能」中的「影像追蹤：綠色小怪獸」，按下「OK」來開啟範例程式。

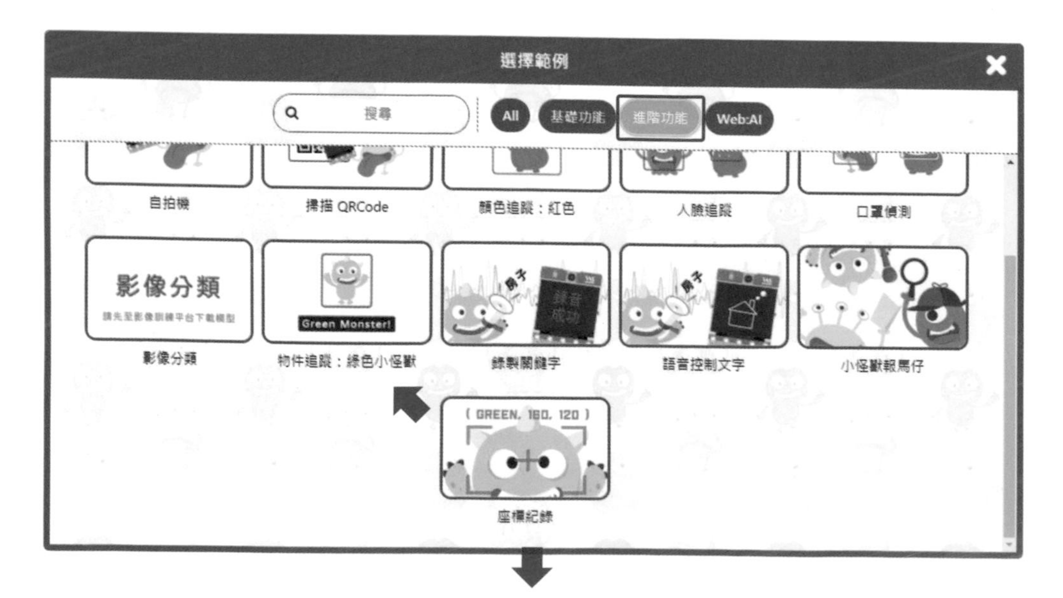

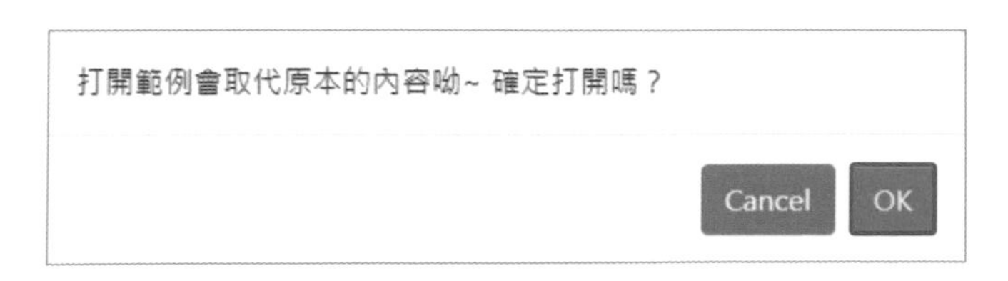

3. 「設定模型」請依底下紅色框修改；辨識門檻：物件追蹤的精準度，門檻越高代表偵測越像才會辨識成功，預設為 0.1。(如果是使用「安裝版程式平台」，則需要手動輸入「設定模型、分類」，並將「寬、高」都輸入 224)

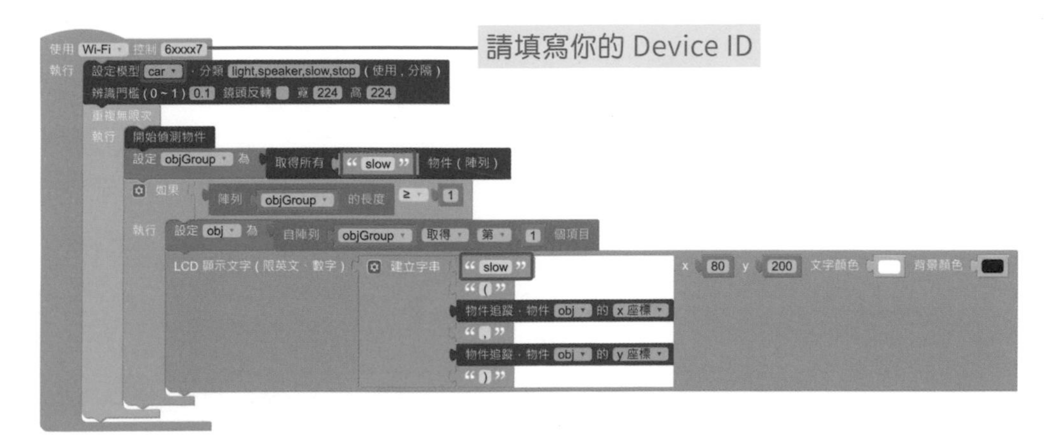

4. 程式編輯完成後，按下右上角「執行」按鈕，程式部署結束後 Web:AI 開發板會自動開啟鏡頭畫面。

5. 使用鏡頭對準辨識物體就能看到文字顯示追蹤結果和 x、y 座標。(如果有辨識不準的情況，可以增加辨識門檻值，比方說 0.3)

6-3 自走車辨識號誌卡

我們結合了「6-1-3 循跡自走」和「6-2 物件追蹤」的功能，讓車子在循跡自走的同時，辨識出四種不同的交通號誌卡，並做出對應的動作控制：

- 開亮頭燈：將 MoonCar 車子的 8 顆 LED 點亮 1 秒。

- 按喇叭：蜂鳴器發出聲音 1 秒。

- 慢行：車子行進速度變慢。

- 先停再開：車子先停止 1 秒後再全速行進。

6-3-1 流程圖

整個系統包含兩個部份：一個是沿著路線前進的「循跡自走」；另一個則是「物件追蹤」功能，用以偵測「開亮頭燈、按喇叭、慢行及先停再開」四個交通號誌。

- 循跡自走：根據路線軌跡作出對應的動作。

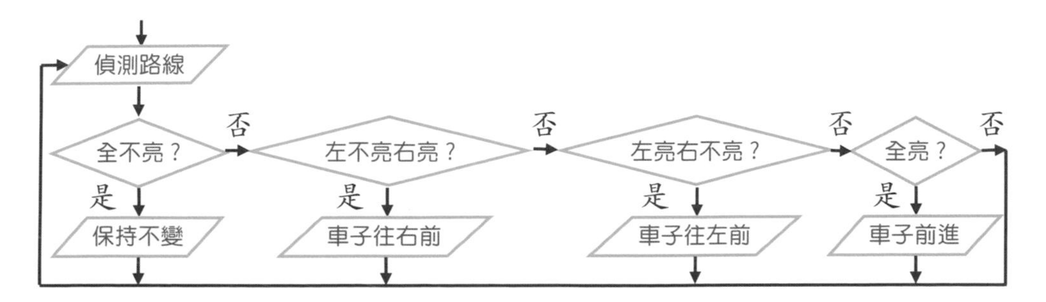

- 物件追蹤：根據交通號誌卡作出對應的動作。

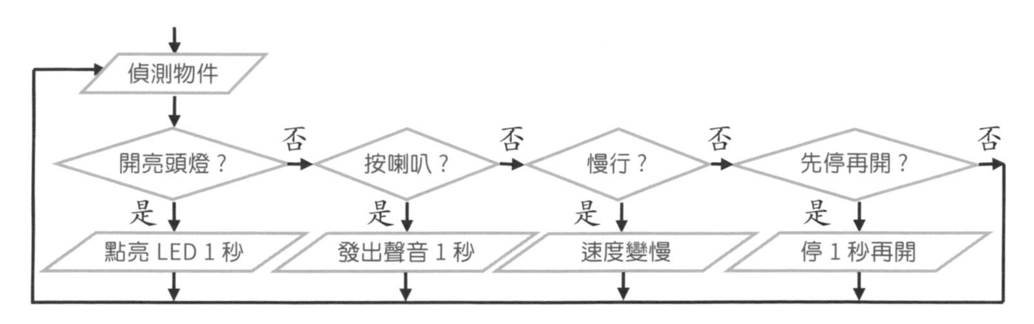

6-3-2 事前準備

由於整個系統包含「循跡自走」及「物件追蹤」功能兩個部份，所以需要準備一個跑道給車子循跡使用，我們在 60×60 公分大小的地方，以 MoonCar 所附贈的黑色膠帶貼出一個圓形，如下圖所示；同時將「開亮頭燈、按喇叭、慢行及先停再開」四張交通號誌卡進行「6-2 物件追蹤」訓練，並以套件內的透明支撐夾來夾住交通號誌卡立在 4 個角落，筆者是以逆時鐘擺放，先放「開亮頭燈」，再放「按喇叭」，接著再放「慢行」，最後才放「先停再開」。

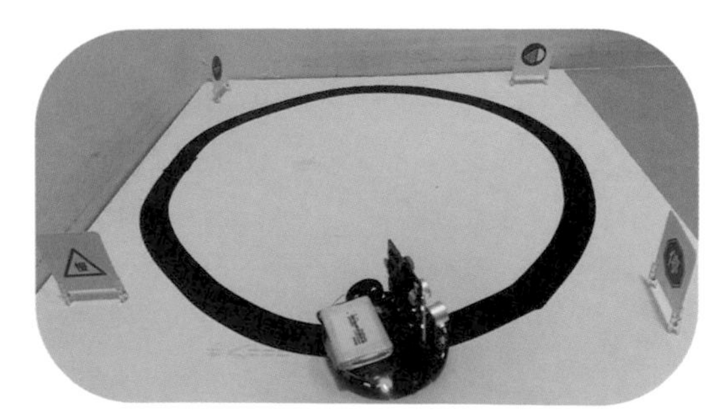

6-3-3 程式設計

程式結構 (重複 - 循序 - 選擇) 共有兩個迴圈同步進行：啟動循跡是第 1 個迴圈，負責讓車子可以沿路線前進；另一個迴圈則負責辨識出物件以便作出對應的動作。

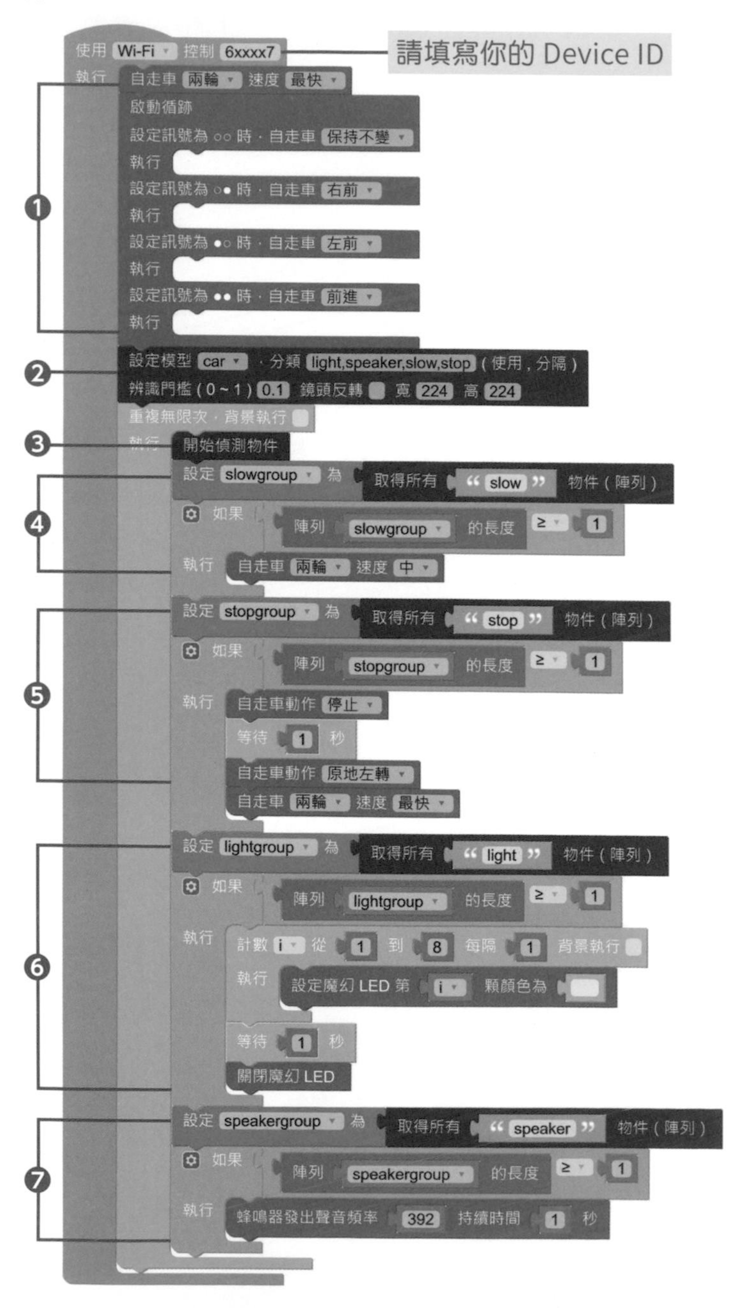

程式解說

❶ 設定自走車速度為最快，啟動循跡，全不亮→保持不變，左不亮右亮→右前，左亮右不亮→左前，全亮→前進。

❷ 設定物件追蹤模型為 car，辨識門檻為 0.1。

❸ 開始偵測物件，每次只會偵測 1 次，故將它放在重複積木之內。

❹ 如果是「慢行」，則將車子速度變慢。

❺ 如果是「先停再開」，則將車子先停下來 1 秒後再原地左轉重新循跡 (因為筆者車子是逆時針移動，會沿著外圈循跡，故用原地左轉來避免車子衝出軌道)。

❻ 如果是「開亮頭燈」，則將車子 LED 燈開啟 1 秒後關閉。

❼ 如果是「按喇叭」，則將蜂鳴器發出聲音 1 秒。

6-3-4 執行測試

- 執行積木程式前，請將跑道放在地上，並確認跑道四周沒有紅色或藍色的物體，以免被 Web:AI 誤判，也包括讀者的衣服 (如果您也趴在地上觀察)。
- 當 MoonCar 放到跑道時應該會自動開始循跡，如果沒有，請將車子在黑色線左右移動或拿號誌卡給 Web:AI 辨識一下，輪子開始轉動即表示啟動循跡。
- 因為「物件追蹤」容易受到光線影響，當發現號誌卡沒被辨識出來，請用影子遮看看或打亮光線、或調整號誌卡的位置、或將車子速度調慢點。
- 當物件被辨識出來時，整個畫面會停頓一下，這是正常的。
- 如果沒有以上這些狀況，車子循跡時，遇到「開亮頭燈」會將 LED 燈啟動 1 秒後關閉；遇到「按喇叭」會將蜂鳴器發出聲音 1 秒；遇到「慢行」會將車子速度變慢；遇到「先停再開」會將車子停止 1 秒後再原地左轉重新循跡。
- 如果您測試時發現追蹤效果不佳，前面方式也都試過了，那麼只能建議您重新「6-2 物件追蹤」的訓練，讓交通號誌卡儘量與白色框大小接近。

6-4 課後評量

1. 請說明 MoonCar 循跡自走的原理及啟動循跡後如何循跡？
2. 請根據 6-1-4 的教學，設計依照地板的顏色（紅綠藍）讓 LCD 螢幕跟著變化。
3. 請問要做物件追蹤功能前其訓練步驟為何？
4. 請問【取得所有物件】積木執行後，會取得哪些資訊？
5. 請根據 6-3 的教學，使用內建 monster 模型，做出車子循跡時遇到「紅色小怪獸」會停止；遇到「綠色小怪獸」會前進的功能。（怪獸卡請自行更換）

智慧音箱是一個具有語音辨識及命令的喇叭音箱，可以用來聽音樂、搜尋資料、播新聞…功能，後來慢慢地結合物聯網控制電視、冷氣、除濕機、掃地機器人…等家電產品形成智慧居家、智慧旅宿、AI 飯店…。

我們以 Web:AI 的「語音辨識」技術來判斷語音命令，透過網路廣播連動到 Smart 開發板，進行電燈、冷氣的家電控制，再以 Web:AI 開發板之 LCD 螢幕顯示訊息，及使用喇叭發出對應的語音回應。

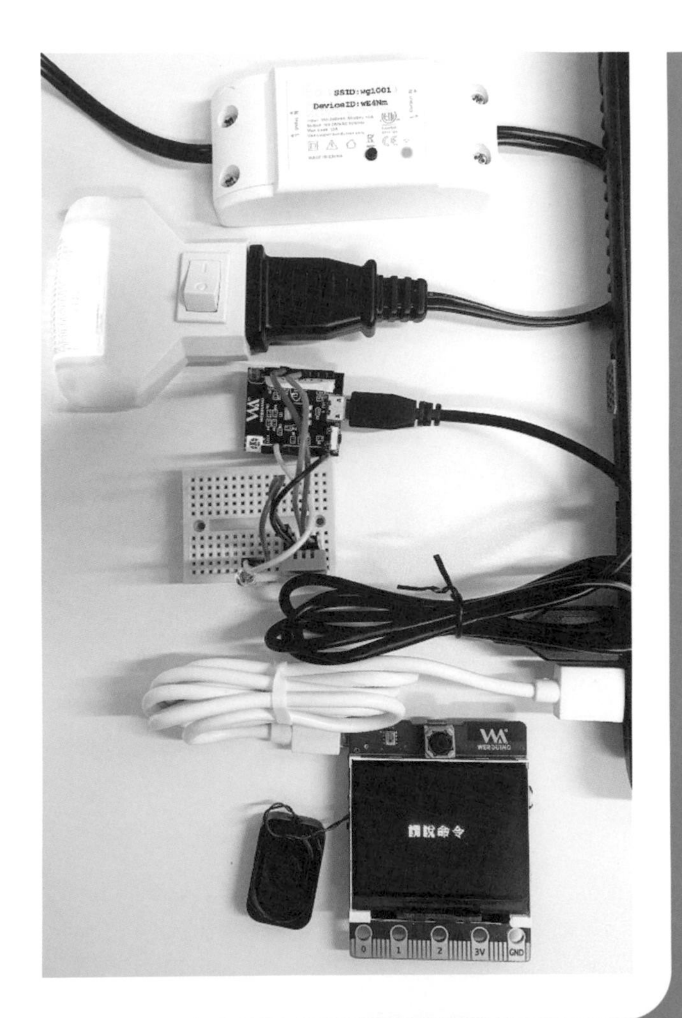

7

智慧音箱控制家電

- 語音辨識、Smart 開發板
- 智慧插座、光敏電阻
- 紅外線發射與接收、溫濕度
- 智慧音箱控制家電

7-1 語音辨識、Smart 開發板

Web:AI 能夠將錄下的聲音轉換成資料，經過處理後儲存成聲音模型，當偵測到聲音時，會和開發板儲存的聲音模型比對音色、頻率，進而得到辨識結果，我們將這個結果連動到 Smart 開發板（讀者需要自己另外購買）做家電控制。積木位於「進階功能 / 語音辨識」。

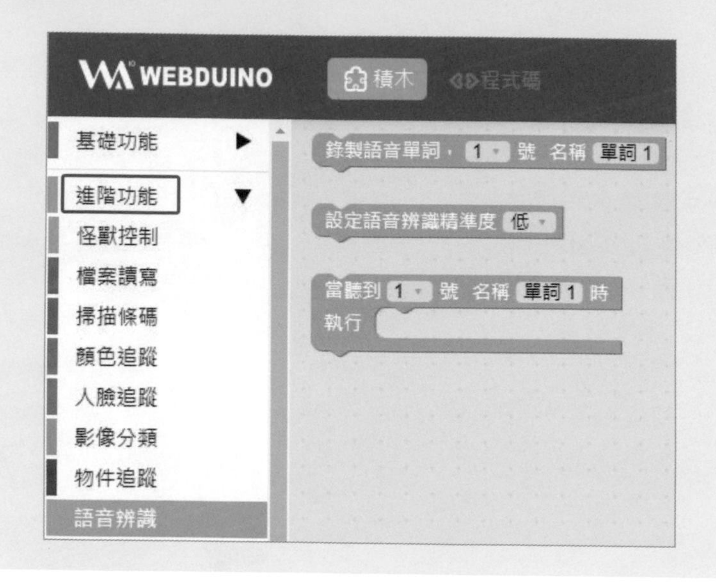

7-1-1 語音辨識

1. 【錄製語音單詞】能夠透過開發板上的麥克風接收聲音訊號，並轉換成聲音模型儲存，名稱部份可以從「單詞 1」修改，如改為「開電燈」，最多只能儲存 10 個模型做為辨識，超過時必須覆蓋不常用的名稱來替代。

錄製語音單詞，1 號 名稱 單詞 1

- 名稱部份建議要超過兩個字，辨識率會比較好。
- 錄音的時間約 1.5 秒。
- 錄製完的聲音模型會一直存放在開發板中，除非經過「韌體更新」或是錄製相同編號模型才會覆蓋。

❷ 當開發板的麥克風偵測到聲音時，如果符合聲音模型，就會自動執行【當聽到…執行】中的內容。名稱部份可以從「單詞 1」修改，如改為「開電燈」。

當聽到 1 號 名稱 單詞 1 時
執行

❸ 因為每個人的音色、頻率都不同，針對不同情況需要調整辨識精準度才能達到合適的效果，【設定語音辨識精準度】用來設定其精確度，越高代表聲音越像才會辨識成功。

【設定語音辨識精準度】積木需要放在【當聽到…執行】積木之前！

範例練習 錄音（循序）：錄製 2 段聲音，分別為❶「開電燈」及❷「關電燈」。

使用 Wi-Fi 控制 6xxxx7 —— 請填寫你的 Device ID
執行
❶
LCD 畫文字 “請說「開電燈」” x 60 y 110 顏色 白色 大小 1.5 間距 16
錄製語音單詞 1 號 名稱 開電燈
清除 LCD 畫面
LCD 畫文字 “錄製完成” x 70 y 110 顏色 白色 大小 1.5 間距 16
等待 1 秒
❷
清除 LCD 畫面
LCD 畫文字 “請說「關電燈」” x 60 y 110 顏色 白色 大小 1.5 間距 16
錄製語音單詞 2 號 名稱 關電燈
清除 LCD 畫面
LCD 畫文字 “錄製完成” x 70 y 110 顏色 白色 大小 1.5 間距 16

範例練習 辨識（事件 - 循序）：❶當聽到「開電燈」時，螢幕會填滿一個白色矩形，模擬電燈打開的效果；❷當聽到「關電燈」時，清除畫面，螢幕變全暗，模擬電燈關閉的效果。

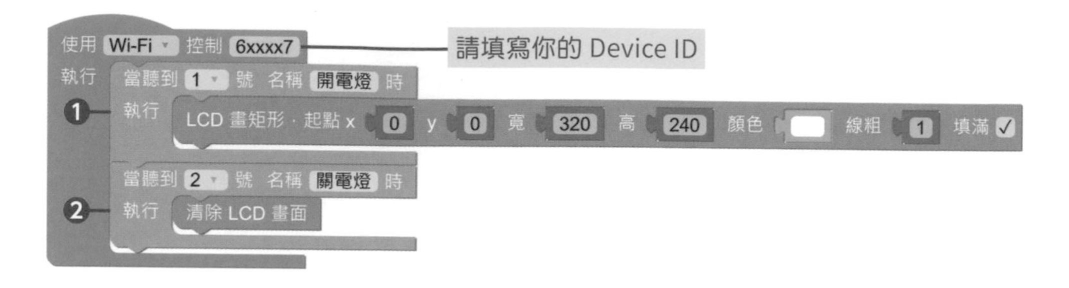

7-1-2 Smart 開發板（選購）

1. Webduino Smart 是一塊長 3 公分寬 2.5 公分的開發板，重量約 85 公克，可以自行獨立運作，同時也具備 Wi-Fi 連上網際網路（Internet）和透過區域網路（WebSocket）操控的能力，內建光敏電阻、三色共陰 LED 燈和微型按鈕開關，共有 16 支接腳，其腳位如下：

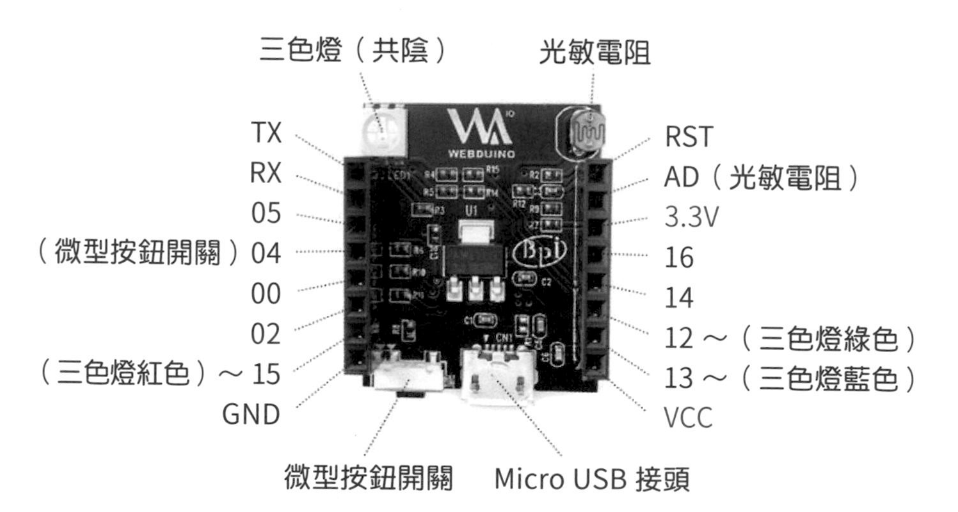

- 數位腳位 0、2、4（微型按鈕開關）、5、14、16。
- PWM 腳位 12、13、15（三色共陰 LED）。

- 類比腳位 AD（光敏電阻）。
- 其他腳位 TX、RX、3.3V、VCC（5V）、RST（重置）和 GND（接地）各 1 個。

2 使用開發板之前務必進行下列步驟（請掃描 QR Code 進入教學內容）：

Ⓐ 初始化設定，取得 Device ID。

Ⓑ 裝置認證，準備更新韌體。

Ⓒ 雲端更新，進行更新韌體。

3 Blockly 程式積木進入方式如下：（注意 Smart 與 Web:AI 是兩個不同的平台）

Ⓐ 在官網點選右上角「雲端平台」，使用「Google 帳號及密碼」登入。

Ⓑ 點選「Webduino Blockly 程式積木」進入編輯器。

Ⓒ 接下來點選「+」新增專案。

Ⓓ 專案名稱請輸入「LED」後點選「新增」，就會出現如下的編輯畫面。

Ⓔ 從積木清單「開發板控制 / 開發板」拖拉【開發板…使用】至編輯區。

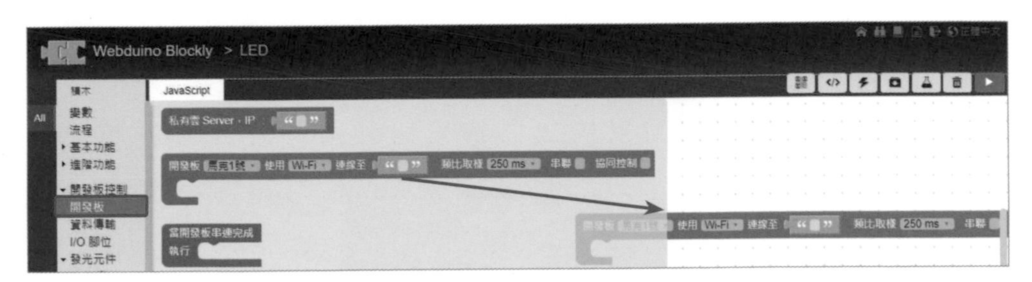

Ⓕ 將「馬克 1 號」改為「Smart」，連線至請填入步驟 2 取得的 Device ID。

Ⓖ 從積木清單「發光元件 /LED 燈」拖拉【設定 led 為】至【開發板…使用】內，同時將腳位改為「13」。

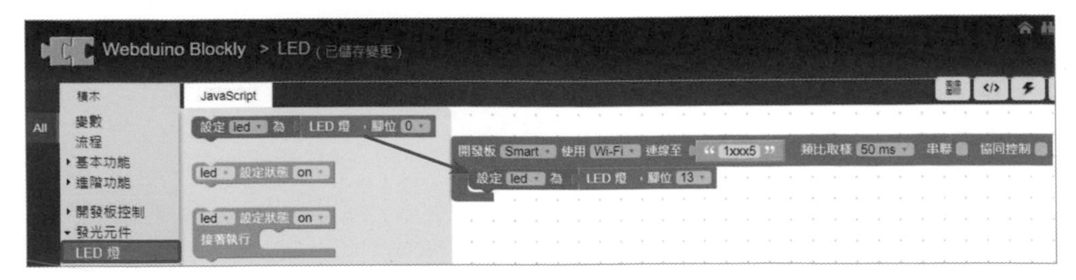

Ⓗ 從積木清單「發光元件 /LED 燈」拖拉【led 閃爍】至【設定 led 為】下。

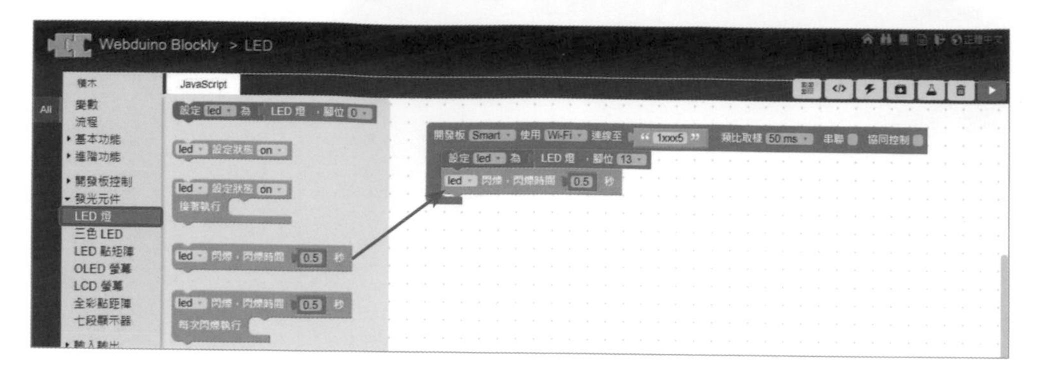

Ⓘ 按下右上角紅色的「執行程式」鈕，就會看到 LED 燈閃爍了。

7-2 紅外線發射與接收、溫濕度（選購）

我們日常生活的電器用品，舉凡電視機、冷氣機、遙控電風扇、玩具等，凡是有「遙控器」的電器，大多都是利用紅外線發射與接收的原理，在輸入輸出內共有「紅外線發射、紅外線接收及冷氣紅外線」三種積木；而溫濕度感測器是接收外界環境變數最基本的元件，我們透過溫濕度感測器的溫度感測，來決定紅外線控制的冷氣機是否啟動。積木位於「環境偵測 / 溫濕度」。

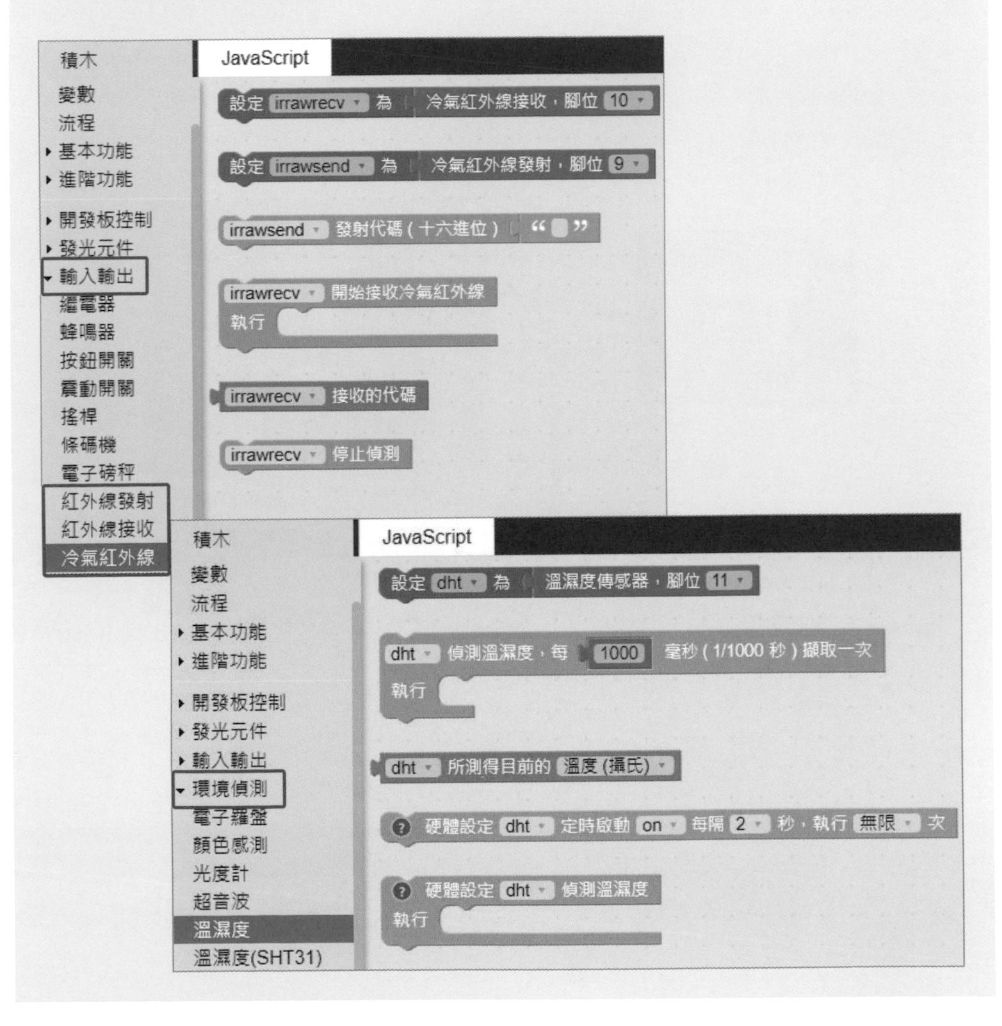

7-2-1 紅外線接收

1. 紅外線接收器元件外觀如上圖所示，接腳由左至右分別為「-」接地腳位、「+」3.3V 腳位、「S」訊號腳位，底下為 Smart 接紅外線接收器之接線示意圖，要注意的是，根據官網說明：訊號腳只能接 2 號腳，不然是無法動作的。

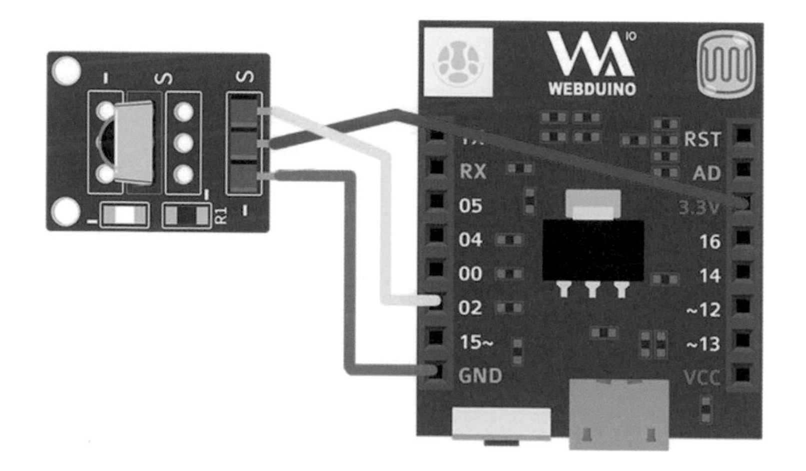

2. 請先「停止執行」程式，再修改 7-1-2 的範例成如下程式碼。

NOTE 冷氣紅外線積木位於「輸入輸出」，按右上角燒杯的圖案以啟用「網頁互動區域」，積木清單最下方就會出現「顯示文字」的積木，其中【顯示】積木就是位在此處。

3 按下右上角紅色的「執行程式」鈕，再拿冷氣機的遙控器對準紅外線接收器按下，此時「網頁互動區域」就會看到偵測到的代碼，請將它複製至記事本。

NOTE 您必須分別記錄冷氣機遙控器「開」及「關」的代碼。(注意：每次側錄到的冷氣代碼會不一樣是正常的，不影響操控)

7-2-2 紅外線發射

1 紅外線發射器的外觀與 LED 燈十分類似，根據官網說明：如果我們使用紅外線發射器，一定得使用 5 號腳位，接別的腳位是無效的。紅外線發射器和 LED 一樣有長短腳之分，因此將長腳接在 5 號，短腳接在 GND，底下為 Smart 接紅外線發射器之接線示意圖。

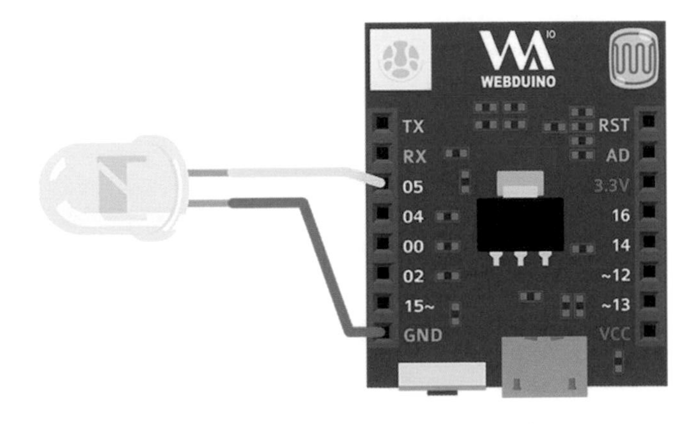

2 請先「停止執行」程式，再修改 7-2-1 的範例，其中點擊 1 表示開啟冷氣，點擊 2 表示關閉冷氣。

NOTE 冷氣紅外線積木位於「輸入輸出」，將互動方式由「顯示文字」改為「遙控器」，積木清單最下方就會出現「遙控器」的積木，其中【遙控器按鍵】積木就是位在此處，發射代碼請從「7-2-1」範例取得。

3 按下右上角紅色的「執行程式」鈕，點擊「網頁互動區域」的遙控器：1 表示開冷氣，2 表示關冷氣。

7-2-3 溫濕度

1 溫濕度感測器有四隻針腳，第一隻針腳為 v（接 3.3V），第二隻為 data（接 14），第三隻沒有作用，為 N/C，第四隻為 GND，可以直接將溫濕度感測器利用麵包板接線出來，底下是 Smart 開發板與紅外線發射器、溫濕度感測器接線示意圖。

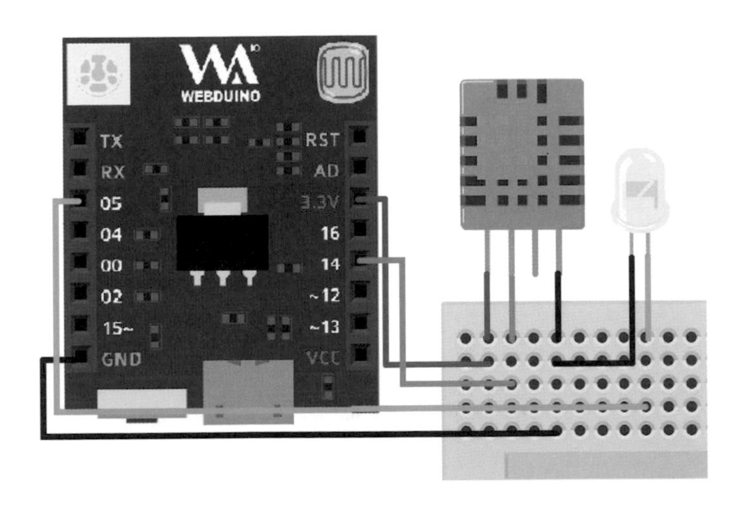

❷ 請先「停止執行」程式，再修改 7-2-2 的範例，其中點擊 1 會依現在溫度有沒有 >=28 度來決定是否開啟冷氣，點擊 2 表示關閉冷氣。

請填寫你的 Smart 開發板之 Device ID

```
開發板 Smart 使用 Wi-Fi 連線至 " 1xxx5 " 類比取樣 50 ms 串聯 □ 協同控制 □
  設定 irrawsend 為 冷氣紅外線發射，腳位 5
  設定 dht 為 溫濕度傳感器，腳位 14
  設定 冷氣 為 假
  遙控器按鍵 點擊 1 執行  如果 冷氣
                          執行 irrawsend 發射代碼 ( 十六進位 ) " 0d7c069401cc04ae01ec01b601ec01b80218019201e601b6... "
  遙控器按鍵 點擊 2 執行 irrawsend 發射代碼 ( 十六進位 ) " 0d66068c01d604c201d601ce01d401ce01d401d001d401ce... "
  dht 偵測溫濕度，每 1000 毫秒 ( 1/1000 秒 ) 擷取一次
  執行 遙控器螢幕，顯示 dht 所測得目前的 溫度 (攝氏)
       如果 dht 所測得目前的 溫度 (攝氏) ≥ 28
       執行 設定 冷氣 為 真
       否則 設定 冷氣 為 假
```

NOTE 溫濕度積木位於「環境偵測」，變數積木位於「變數」，真 / 假積木位於「基本功能 / 邏輯」。

❸ 按下右上角紅色的「執行程式」鈕，點擊遙控器 1 會不會根據現在溫度來決定冷氣開啟與否。

7-3 智慧插座 PLUS（選購）

「Webduino 智慧插座 PLUS」是讓插座可以透過無線網路連上雲端，如此一來就可以輕鬆實現手機遙控插座、設定插座自動供電設施、依據氣溫自動啟動風扇…等智慧插座應用，套件設定請掃描底下 QRCode。

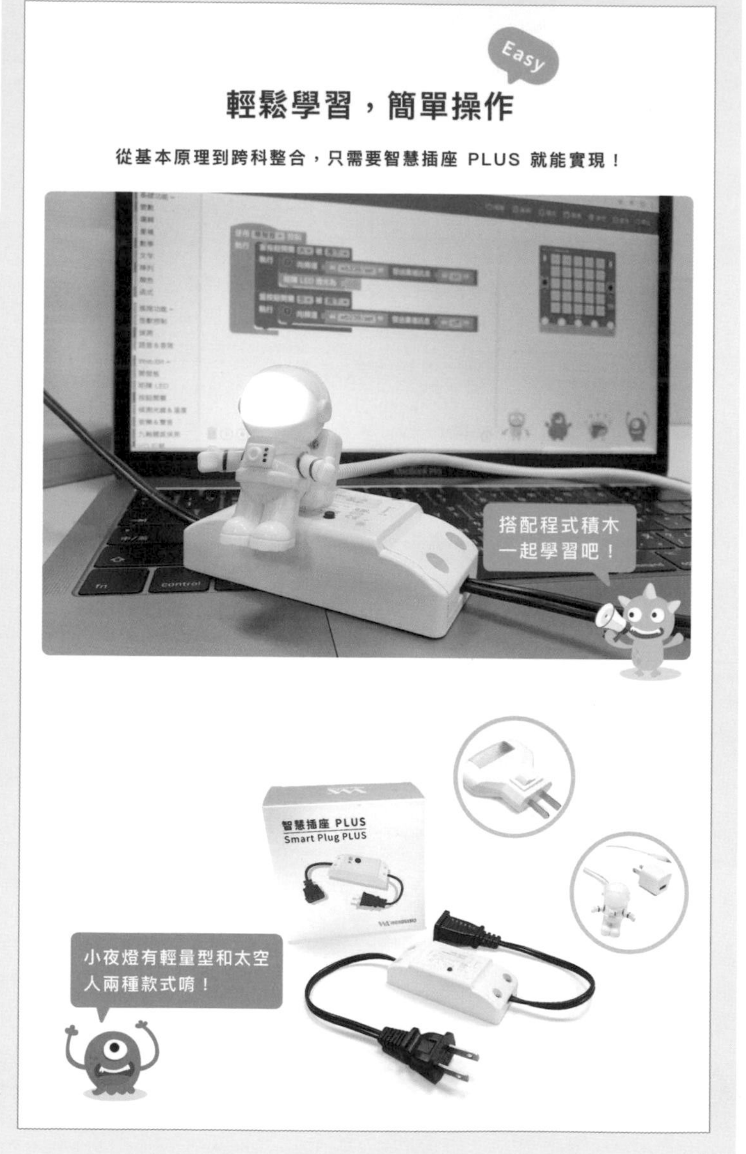

7-3-1 控制智慧插座

智慧插座的控制是透過【網路廣播】或【MQTT】方式來操作，其操作格式如下：

網路廣播

1. 自頻道「ssid/set」發送廣播訊息「on」：
   - **on/off**：開啟 / 關閉 (指令大小寫均可)。
   - **ssid/set**：ssid 表示智慧插座上貼的「SSID」(注意，非 Device ID)。
2. 從頻道「ssid/state」接收廣播訊息：
   - ssid 說明同上。
   - 透過「收到的廣播訊息」來得知目前智慧插座狀態。

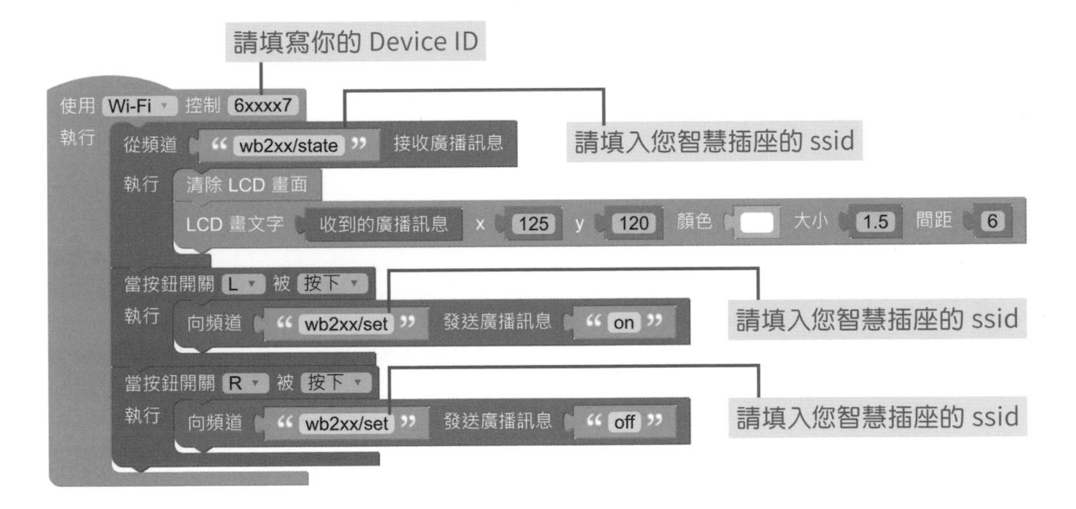

【MQTT】

1. 發送訊息「on」至 Topic「ssid/set」：
   - **on/off**：開啟 / 關閉 (指令大小寫均可)。
   - **ssid/set**：ssid 表示智慧插座上貼的「SSID」(注意，非 Device ID)。

2. 當從「ssid/state」收到訊息時：
   - ssid 說明同上。
   - 透過「接收到的訊息」來得知目前智慧插座狀態。

3. 請先「停止執行」程式，再修改 7-2-2 的範例，其中點擊 1 表示開啟電燈，點擊 2 表示關閉電燈。

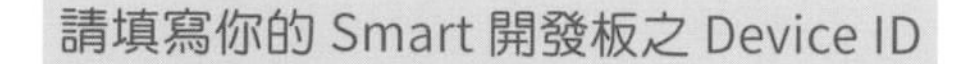

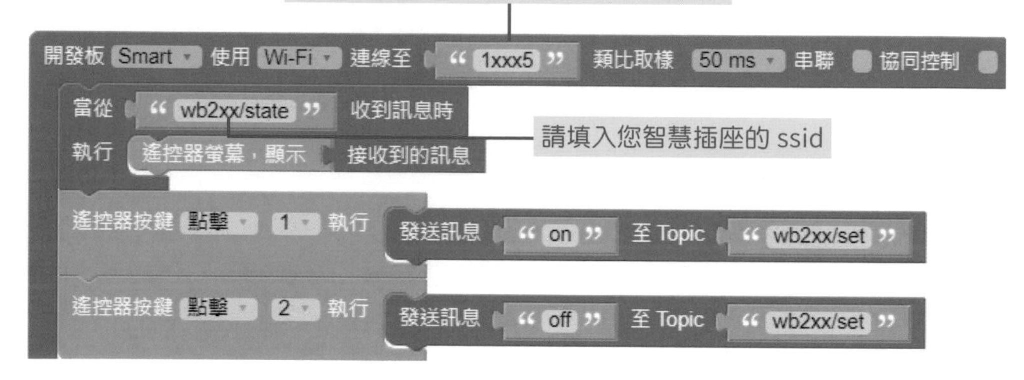

4. 按下紅色的「執行程式」鈕，點擊遙控器 1 表示開電燈，2 表示關電燈。

7-3-2 替代方案

如果您沒有購買「Webduino 智慧插座 PLUS」的套件，也可以使用 Smart 開發板上的 LED 燈來替代，只要將 7-3-1 的範例如下修改。

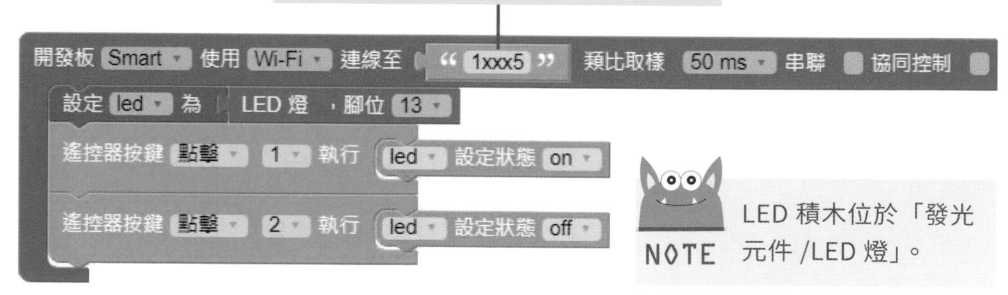

NOTE LED 積木位於「發光元件 /LED 燈」。

7-3-3 光敏電阻

Smart 開發板的右上角內建了一顆光敏電阻（腳位為 A0，也就是開發板的 AD 腳位），讓我們可以偵測環境的光線，做出許多簡單的光線偵測效果，不過也因為光敏電阻使用了 AD 腳位，該腳位就不能給其他需要類比腳的感測器使用，要特別注意。積木位於「環境偵測 / 光敏（可變）電阻」。

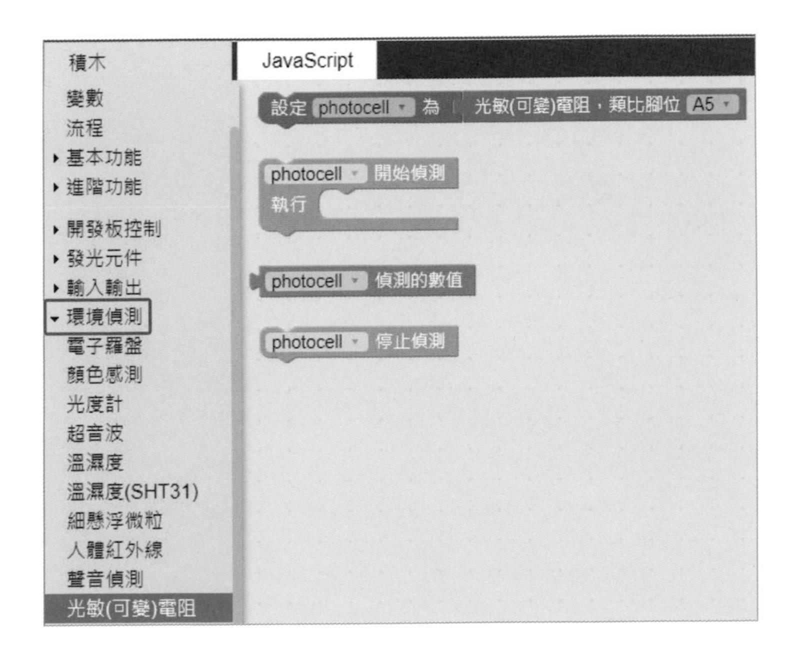

1 將 7-3-2 的範例如下修改，偵測環境光線的強弱。

請填寫你的 Smart 開發板之 Device ID

開發板 Smart 使用 Wi-Fi 連線至 " 1xxx5 " 類比取樣 50 ms 串聯 協同控制
設定 photocell 為 光敏(可變)電阻，類比腳位 A0
photocell 開始偵測
執行 顯示 四捨五入 到小數點 2 位 尺度轉換，數值來源 photocell 偵測的數值
(原始) 最小值 0
(原始) 最大值 1
(轉換後) 最小值 0
(轉換後) 最大值 100

NOTE 四捨五入、尺度轉換積木位於「基本功能 / 數學式」。

2 按下紅色的「執行程式」鈕，「網頁互動區域」就會看到偵測到的光線值（其值介於 0~100 之間）。

7-4 智慧音箱控制家電

「智慧音箱控制家電」系統是以 Web:AI 開發板的「語音辨識」、「喇叭」、「LCD 螢幕」及「網路廣播」連動到 Smart 開發板，控制「紅外線發射」、「溫濕度」及「Webduino 智慧插座 PLUS」來達到智慧居家功能，整個系統分成兩個部份來說明，透過「MQTT」協定相互溝通：

- **Web:AI 開發板**：作用在辨識語音、顯示訊息及語音輸出。
- **Smart 開發板**：作用在透過溫濕度控制冷氣、開關電燈。

MQTT 是一種物聯網訊息傳遞的標準，為一個輕量級的發佈 / 訂閱型訊息協定，被設計在適合少網路頻寬及低耗電的遠端裝置使用。

7-4-1 系統流程圖

Web:AI 開發板

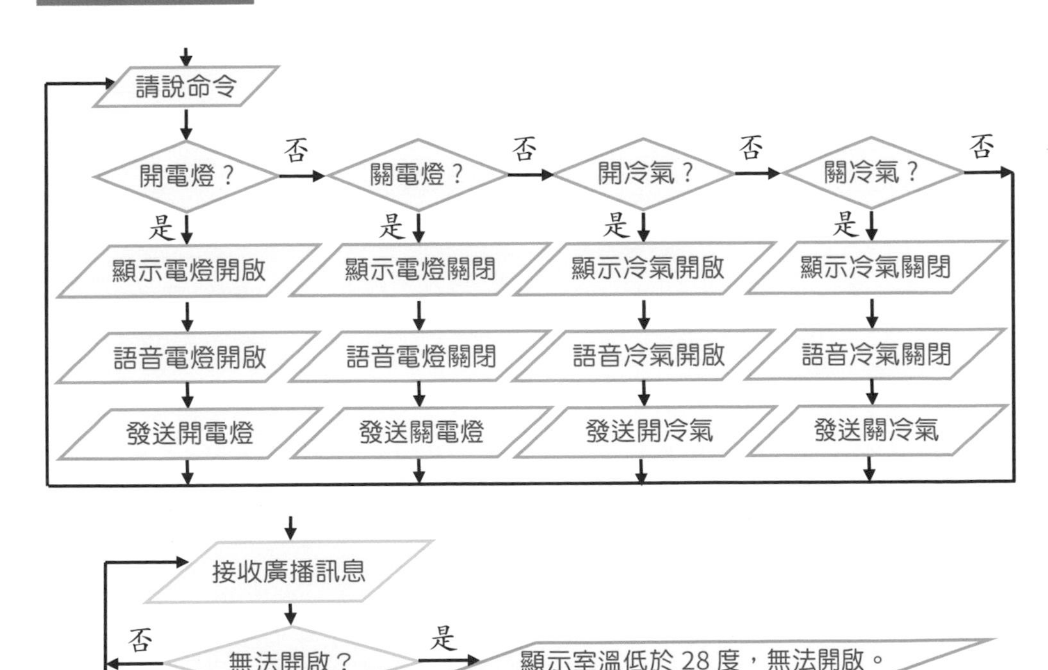

Smart 開發板

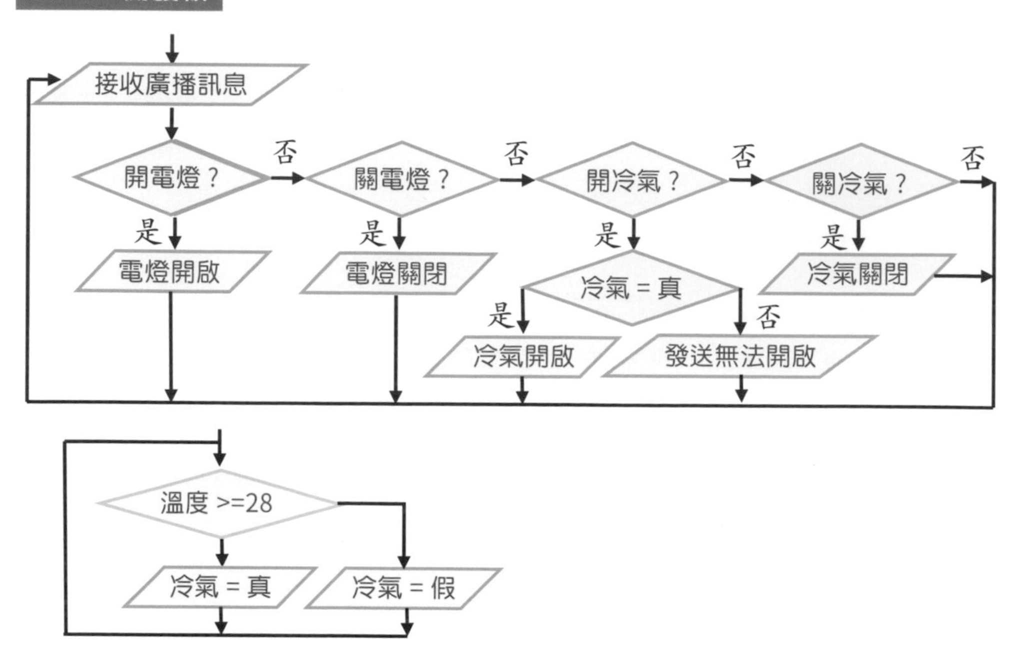

7-4-2 事前準備

一、錄製聲音

請修改「7-1-1 語音辨識」範例，使其可以錄製下列 4 個聲音檔：

- A 名稱為 1 的「開電燈」。
- B 名稱為 2 的「關電燈」。
- C 名稱為 3 的「開冷氣」。
- D 名稱為 4 的「關冷氣」。

二、文字轉語音

請使用「4-3 文字轉語音」的教學，產生下列語音，以指定檔名存至記憶卡：

- A 「電燈開啟」，檔案名稱「lighton.wav」。
- B 「電燈關閉」，檔案名稱「lightoff.wav」。
- C 「冷氣開啟」，檔案名稱「turnon.wav」。

Ⓓ 「冷氣關閉」，檔案名稱「turnoff.wav」。

Ⓔ 「室溫低於 28 度，無法開啟。」，檔案名稱「lowwarning.wav」。

7-4-3 程式設計

Web:AI 開發板（下頁圖）

程式結構（事件 - 循序 - 選擇）由接收廣播訊息或語音辨識所觸發的事件，然後傳遞對應的控制訊息，如開 / 關電燈、開 / 關冷氣…。

程式解說

❶ 【請說命令】函式用來顯示「請說命令」訊息。

❷ 設定語音辨識精準度為低，喇叭播放音量為 70，顯示「請說命令」訊息。

❸ 當從「家電控制」頻道接收到廣播訊息時，如果訊息為「無法開啟」則顯示及語音「室溫低於 28 度，無法開啟。」

❹ 語音辨識如果是「開電燈」則顯示及語音「電燈開啟」，發送「開電燈」訊息。

❺ 語音辨識如果是「關電燈」則顯示及語音「電燈關閉」，發送「關電燈」訊息。

❻ 語音辨識如果是「開冷氣」則顯示及語音「冷氣開啟」，發送「開冷氣」訊息。

❼ 語音辨識如果是「關冷氣」則顯示及語音「冷氣關閉」，發送「關冷氣」訊息。

```
❶
建立 請說命令
    清除 LCD 畫面
    LCD 畫文字 "請說命令" x 100 y 110 顏色 [ ] 大小 1.5 間距 16

使用 Wi-Fi 控制 6xxxx7 ——— 請填寫你的 Device ID
執行
❷
    設定語音辨識精準度 低
    喇叭播放，音量 ( 0~100 ) 70
    LCD 畫文字 "請說命令" x 100 y 110 顏色 [ ] 大小 1.5 間距 16
❸
    從頻道 "家電控制" 接收廣播訊息
    執行 如果 收到的廣播訊息 = "無法開啟"
        執行 清除 LCD 畫面
             LCD 畫文字 "室溫低於28度，無法開啟。" x 0 y 110 顏色 [ ] 大小 1.5 間距 16
             喇叭播放，檔名 "lowwarning" .wav 取樣率 22050
             請說命令
❹
    當聽到 1 號 名稱 開電燈 時
    執行 清除 LCD 畫面
         LCD 畫文字 "電燈開啟" x 100 y 110 顏色 [ ] 大小 1.5 間距 16
         喇叭播放，檔名 "lighton" .wav 取樣率 22050
         向頻道 "家電控制" 發送廣播訊息 "開電燈"
         請說命令
❺
    當聽到 2 號 名稱 關電燈 時
    執行 清除 LCD 畫面
         LCD 畫文字 "電燈關閉" x 100 y 110 顏色 [ ] 大小 1.5 間距 16
         喇叭播放，檔名 "lightoff" .wav 取樣率 22050
         向頻道 "家電控制" 發送廣播訊息 "關電燈"
         請說命令
❻
    當聽到 3 號 名稱 開冷氣 時
    執行 清除 LCD 畫面
         LCD 畫文字 "冷氣開啟" x 100 y 110 顏色 [ ] 大小 1.5 間距 16
         喇叭播放，檔名 "turnon" .wav 取樣率 22050
         向頻道 "家電控制" 發送廣播訊息 "開冷氣"
         請說命令
❼
    當聽到 4 號 名稱 關冷氣 時
    執行 清除 LCD 畫面
         LCD 畫文字 "冷氣關閉" x 100 y 110 顏色 [ ] 大小 1.5 間距 16
         喇叭播放，檔名 "turnoff" .wav 取樣率 22050
         向頻道 "家電控制" 發送廣播訊息 "關冷氣"
         請說命令
```

Smart 開發板

程式結構（事件 - 循序 - 選擇）由接收廣播訊息或偵測溫濕度所觸發的事件，然後執行對應的家電控制，如電燈、冷氣。

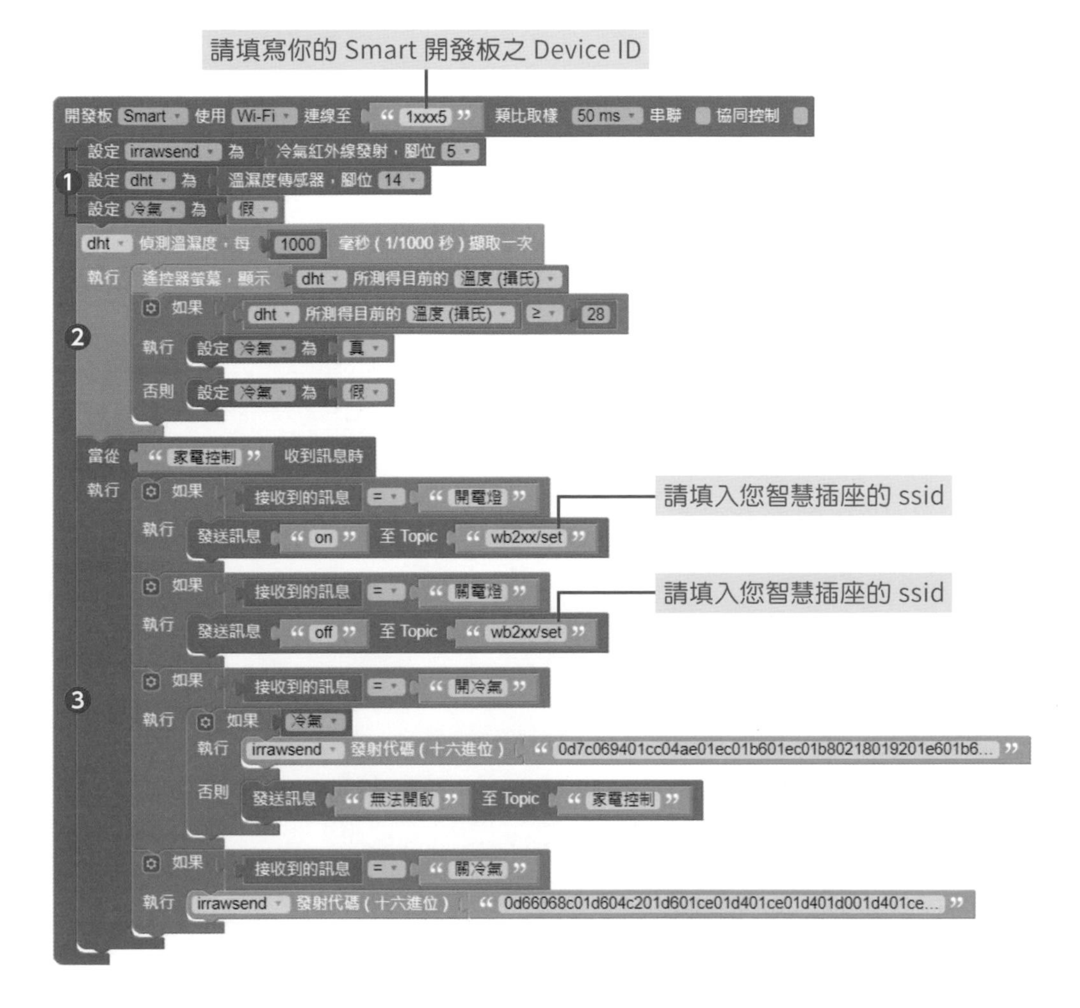

程式解說

❶ 變數宣告

- irrawsend：冷氣紅外線發射變數。
- dht：溫濕度感測變數。
- 冷氣：判斷冷氣是否開啟的變數。

❷ 每秒偵測溫濕度一次，如果溫度 >=28 則將「冷氣」變數設為真，否則設為假。

❸ 當從「家電控制」接收到訊息時，根據訊息內容作出對應控制：

- 開電燈：發送「on」訊息給智慧插座，以打開電燈。
- 關電燈：發送「off」訊息給智慧插座，以關閉電燈。
- 開冷氣：如果「冷氣」變數為真，則透過冷氣紅外線發射器發送訊號開啟冷氣，否則發送「無法開啟」訊息至「家電控制」頻道。
- 關冷氣：透過冷氣紅外線發射器發送訊號關閉冷氣。

7-4-4 執行測試

請先執行 Smart 開發板的程式，再以 Web:AI 開發板分別測試「開電燈」、「關電燈」、「開冷氣」及「關冷氣」等命令是否動作正常（注意：冷氣必須在室溫 28 度以上才能開啟）。

若發現功能異常時：

1. 請先檢查程式碼有無寫錯、電路是否有接錯、網路連線是否正常…等。
2. 無法開啟冷氣時，請留意紅外線發射器離冷氣接收處是否太遠了。

7-5 課後評量

1. 請問【錄製語音單詞】積木使用上有哪些注意事項？

2. 請根據 7-2-1 紅外線接收的教學，改用「輸入輸出」的紅外線接收積木，側錄電視遙控器「開 / 關」及「上一台 / 下一台」的代碼。

3. 請根據 7-2-2 紅外線發射的教學改用「輸入輸出」的紅外線發射積木，實作電視遙控器「開 / 關」及「上一台 / 下一台」的功能。

4. 請根據 7-2-3 溫濕度的教學，配合 LED 燈、光敏電阻，實作使用網頁互動區域的遙控器，按下「1」：如果光敏電阻 <=0.5 才開啟 LED 燈；按下「2」：關閉 LED 燈。

5. 請修改 7-4-3 的 Smart 開發板程式碼，加入「開電燈」時能夠判斷光敏電阻的值必須 <=0.5，才讓電燈開啟，否則的話發送「無法開燈」的廣播訊息至「家電控制」頻道。

6. 請修改 7-4-3 之 Web:AI 開發板程式碼，加入當接收到「無法開燈」的廣播訊息時，Web:AI 開發板會顯示「室內太亮，無法開燈。」的訊息，並用喇叭發出對應文字的語音（語音檔請使用「notevibes.com」網站產生）。

MEMO

安裝版更新韌體

Web:AI 開發板的韌體中使用了兩種晶片，分別是 AI 晶片 (K210) 和 Wi-Fi 晶片 (ESP8285)。第一次使用 Web:AI 開發板之前，需要先對晶片做韌體更新，將開發板升級到最新版本，才能順利使用最完整的功能。

A-1 下載安裝版

1 當您點選「教育平台 GO」或在官網點選右上角「Web:AI 入口」時，便會出現右側畫面，請使用「註冊」或輸入「Google/FB 帳號及密碼」，並按下「同意授權」後即可登入。

2 將螢幕畫面往下拉至中間，就會看到「Web:AI 程式積木」，請點選它。

A

3. 點選右上角主功能選單的「更多 / 下載安裝版」，然後執行「WebAI Setup.exe」，安裝完成後就可以開啟 Web:AI 安裝版。(其畫面跟線上版幾乎一樣)

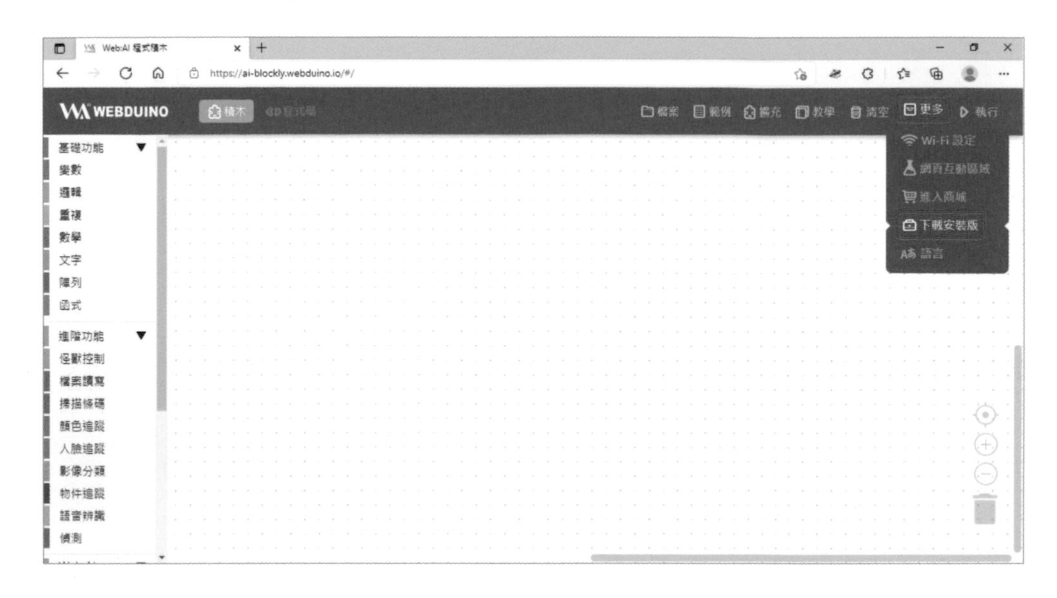

A-2 更新韌體

1. 開啟 Web:AI 安裝版，可以看到視窗最上方顯示「正在搜尋裝置…」，代表開發板並未跟電腦連接上。

2. 請使用 USB 線將 Web:AI 開發板連接上電腦，當 Web:AI 安裝版視窗顯示「已偵測到裝置」，代表成功讀取到開發板資訊。

3 偵測到裝置後，點擊左上角「工具 / 更新韌體」，開始進行晶片韌體更新，視窗上方會顯示目前更新進度。

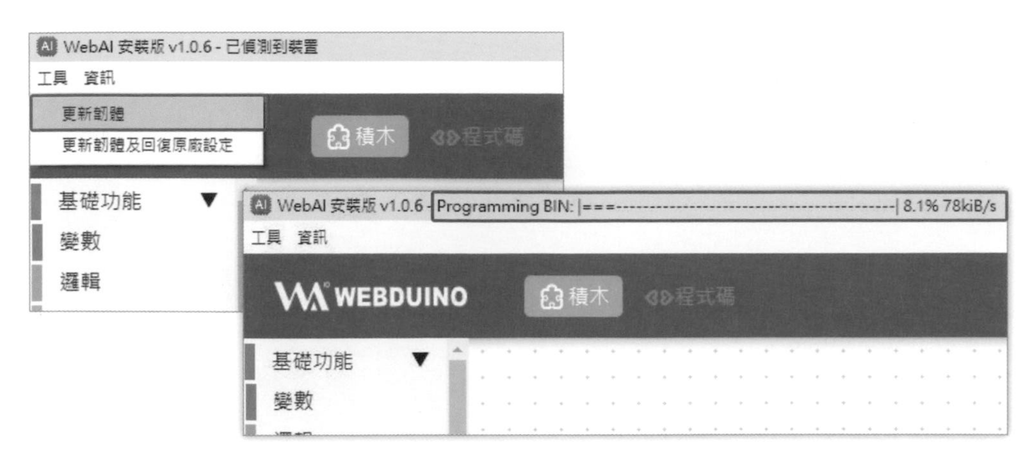

TIP

回復原廠韌體時，請勿按下 Reset 按鈕及拔除電源！

- **「更新韌體」**：單純韌體更新，不會清除 Wi-Fi 設定及程式。
- **「更新韌體及回復原廠設定」**：除更新韌體外，還會清除 Wi-Fi 設定及程式，需要重新進行初始化設定。

4 韌體更新完成後，開發板會自動重新開機。如果您是使用「更新韌體」，這時 LCD 螢幕畫面如下左圖，表示可以直接使用；如果是使用「更新韌體及回復原廠設定」會出現如下右圖，代表需要進一步完成 Wi-Fi 設定才能開始使用 (請參考第 1 章 1-1-3 初始化設定)。

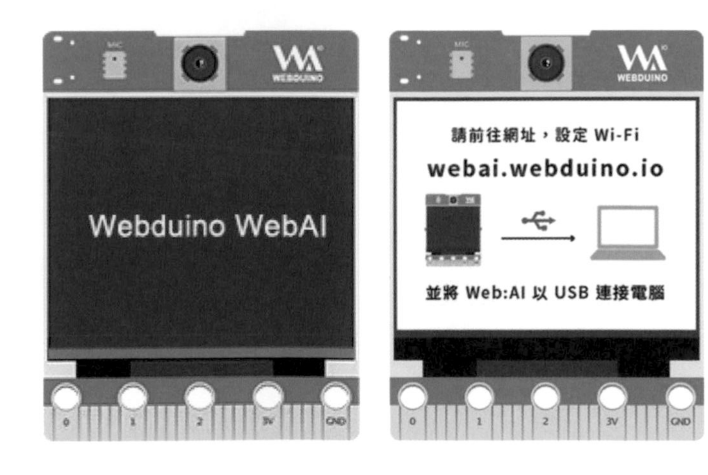

5 韌體更新的內容如下。

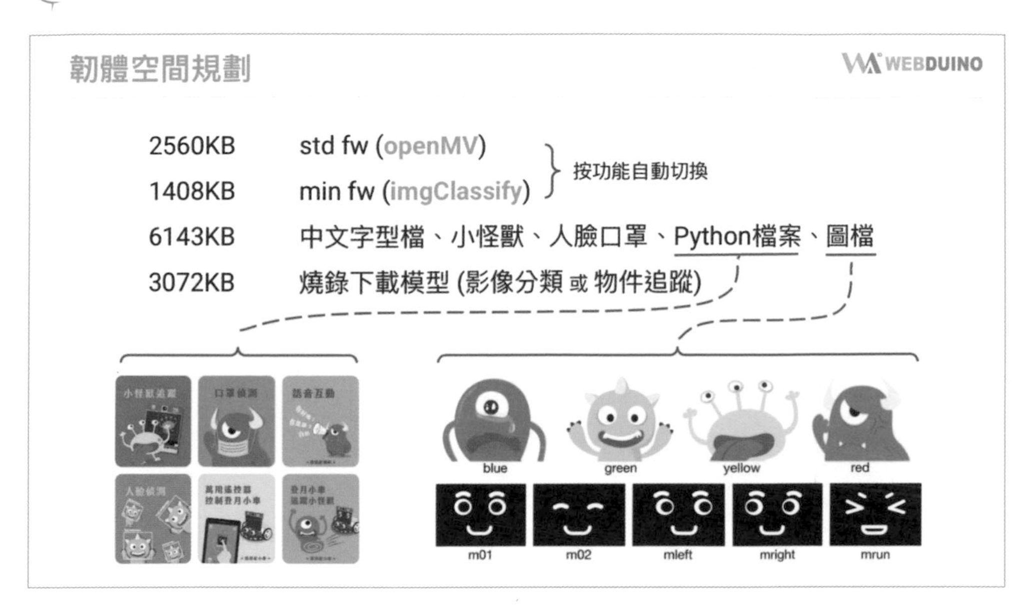
韌體空間規劃
WEBDUINO
2560KB std fw (openMV)
1408KB min fw (imgClassify)
按功能自動切換
6143KB 中文字型檔、小怪獸、人臉口罩、Python檔案、圖檔
3072KB 燒錄下載模型 (影像分類 或 物件追蹤)
blue
green
yellow
red
m01
m02
mleft
mright
mrun

MEMO

B

習題解答

- CHAPTER 1 Web:AI 開箱介紹 習題解答
- CHAPTER 2 RCode 名片掃描 習題解答
- CHAPTER 3 顏色配對遊戲 習題解答
- CHAPTER 4 剪刀石頭布猜拳辨識 習題解答
- CHAPTER 5 來客 LINE 通知 / 傳訊 習題解答
- CHAPTER 6 自走車辨識號誌卡 習題解答
- CHAPTER 7 智慧音箱控制家電 習題解答

CHAPTER 1 Web:AI 開箱介紹 習題解答

1. **Web:AI 開發板背面的「黃燈」亮與不亮，各代表什麼意思？**

   - 黃燈：電源開關 ON（往上）時燈亮；電源開關 OFF（往下）時燈滅。

2. **請問 Web:AI 開發板如何「重新開機」及回復「預設狀態」？**

   下列兩種方式都能馬上重新啟動。

   - 拔除 USB 線再重新插上。
   - 按下開發板背面的 Reset 按鈕（按下後約 1 秒才有反應）。

   回復「預設狀態」其步驟如下：

   - 通電後按住 Web:AI 開發板 L 按鈕。
   - 再按下 Reset 按鈕。
   - 當螢幕出現紅色全螢幕畫面，放開 L 按鈕，重新開機。

3. **Webduino 教育平台內有哪些功能？**

   - Web:AI 程式積木
     像玩積木一樣的堆疊、組合，就可以學程式，適合初學者。
   - Webduino 影像訓練平台
     人工智慧「影像分類」及「物件追蹤」訓練用。
   - MaixPy IDE 下載
     撰寫 Python 程式碼開發用，適合進階使用者。

4. **說明 Web:AI 程式積木的「線上版」與「安裝版」有什麼不同？**

   - 「線上版」和「安裝版」兩種，除了安裝版無「分享」功能外，使用上功能幾乎相同，讀者可以選擇符合自己需求的版本。線上版是在 Chrome 瀏覽器執行，必須有網路才可以操作，不支援 USB 連線；安裝版目前僅限定在 Windows 系統使用，可以在沒有網路的環境下來操作，可透過 Wi-Fi 或 USB 進行程式部署至開發板。

5. **請用「LCD 顯示文字」積木在開發板的螢幕中央顯示「Webduino Web:AI」。**

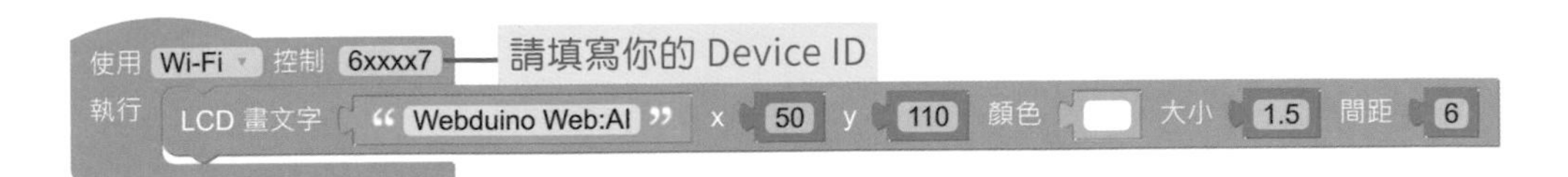

6. **說明 Google 運算思維的四個核心能力，並舉例。**

從 Google 的定義來看，運算思維分成下列 4 個核心能力：

Ⓐ 問題拆解：將問題分解成較易處理的小問題。

Ⓑ 模式識別：觀察問題是否有相似的規律或趨勢。

Ⓒ 抽象化：專注在主要概念去識別相關資訊內容。

Ⓓ 演算法設計：發展解決問題的有效及有限性之步驟。

我們以一個「計算多邊形內角和」來說明運算思維的核心能力：

Ⓐ 問題拆解：將多邊形分解成一個一個的三角形。

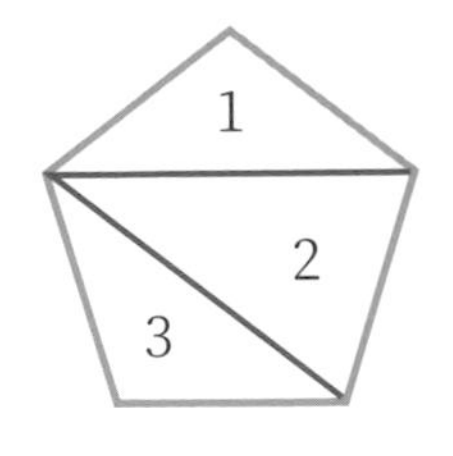

Ⓑ 模式識別：將三角形分割拼接後變成一條水平線，其內角和為 180°。

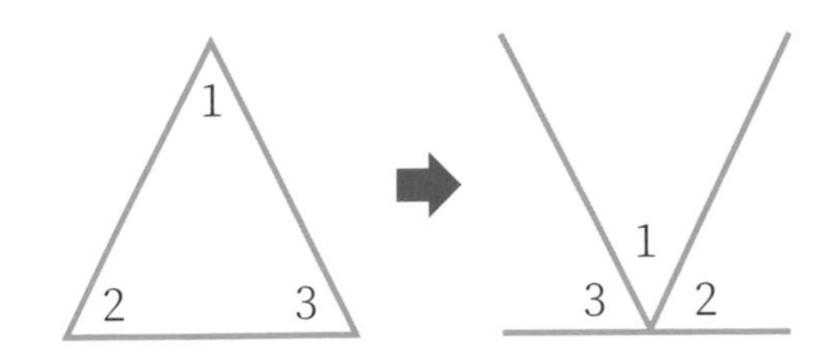

Ⓒ 抽象化：只專注在多邊形可以拆解成幾個三角形。

- 三邊形有 1 個三角形
- 四邊形有 2 個三角形
- 五邊形有 3 個三角形
- 依此類推…

Ⓓ 演算法設計：n 邊形有 n－2 個三角形，其內角和為（n－2）×180。

7. 請繪出常用的「循序、選擇及重複」三種結構化設計流程圖。

循序

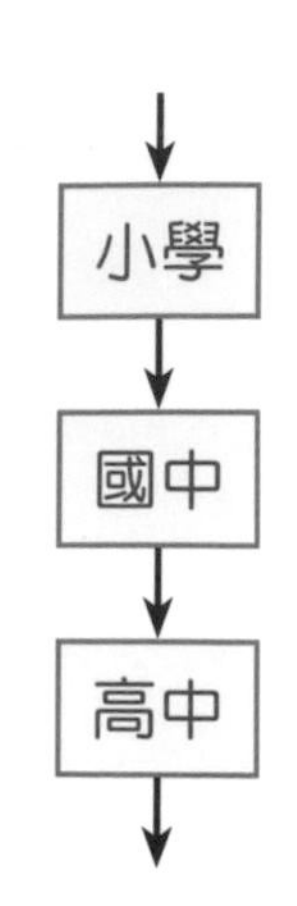

選擇

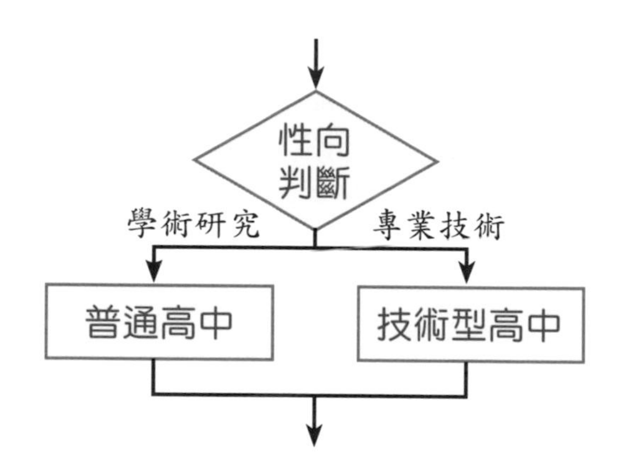

重複

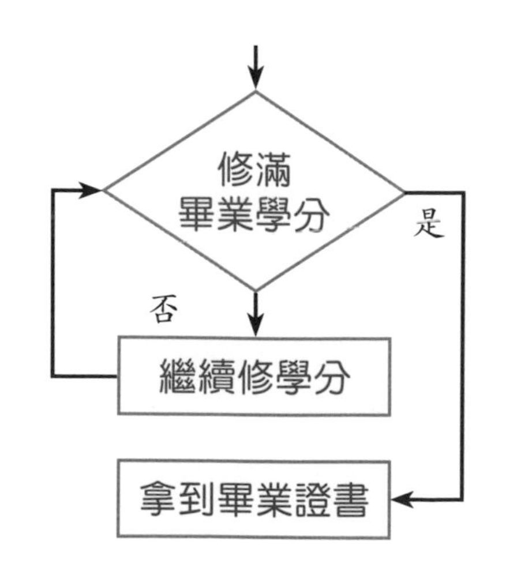

CHAPTER 2 QRCode 名片掃描 習題解答

1. 請在 Web:AI 開發板的螢幕上繪出一個如右的笑臉圖案（提示：先畫藍色大圓及白色中圓，再以藍色矩形覆蓋部份中圓，最後畫兩個白色小圓）。

```
使用 Wi-Fi 控制 6xxxx7 —— 請填寫你的 Device ID
執行 LCD 畫圓，起點 x 160 y 110 半徑 100 顏色 ■ 線粗 1 填滿 ✓
     LCD 畫圓，起點 x 160 y 120 半徑 60 顏色 □ 線粗 1 填滿 ✓
     LCD 畫矩形，起點 x 80 y 50 寬 160 高 80 顏色 ■ 線粗 1 填滿 ✓
     LCD 畫圓，起點 x 120 y 70 半徑 20 顏色 □ 線粗 1 填滿 ✓
     LCD 畫圓，起點 x 200 y 70 半徑 20 顏色 □ 線粗 1 填滿 ✓
     LCD 畫文字 " 笑臉 " x 136 y 210 顏色 □ 大小 1.5 間距 20
```

2. 請將下列 4 個圖案依序每 1 秒切換循環的方式在 Web:AI 螢幕顯示。

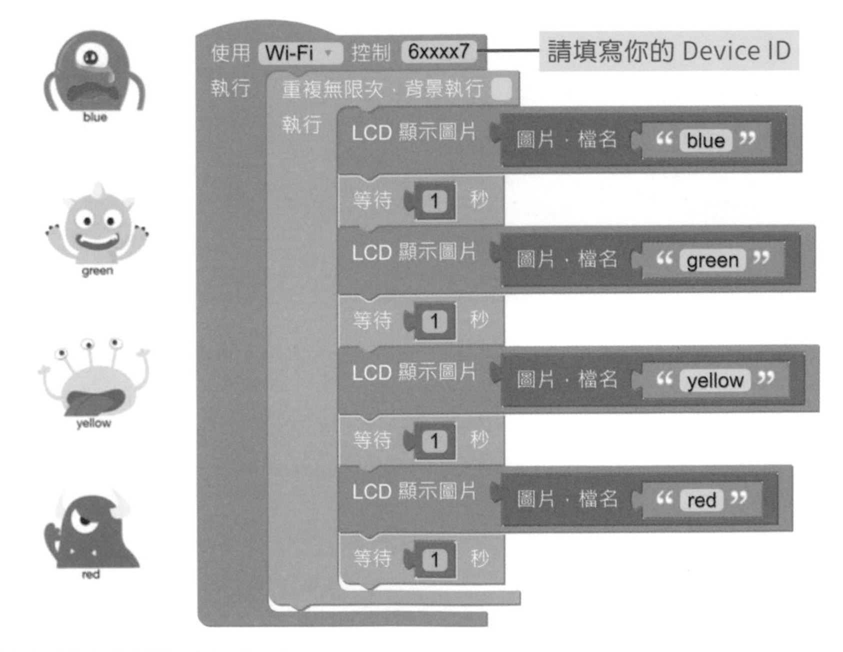

請勿插入記憶（SD）卡。

3. 請問下列兩個積木在寫入到 Google 試算表時有什麼差別？

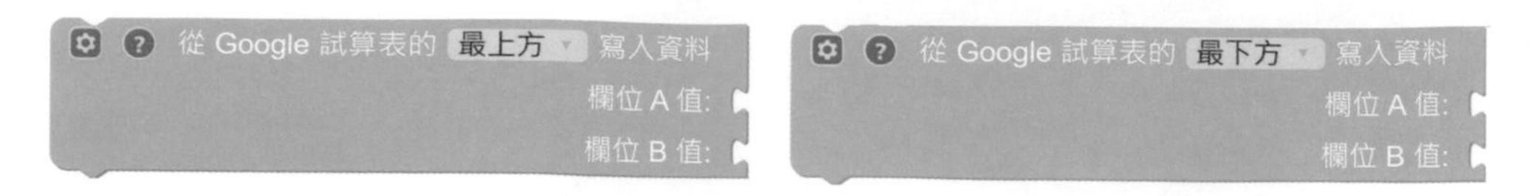

一個是試算表從第一筆寫入，一個是從試算表最後一筆寫入。

4. SQL 語法的註解符號因為資料庫版本不同而有三種（「/*」、「--」及「#」），請撰寫積木程式將這些字元過濾掉，以避免網站被入侵？

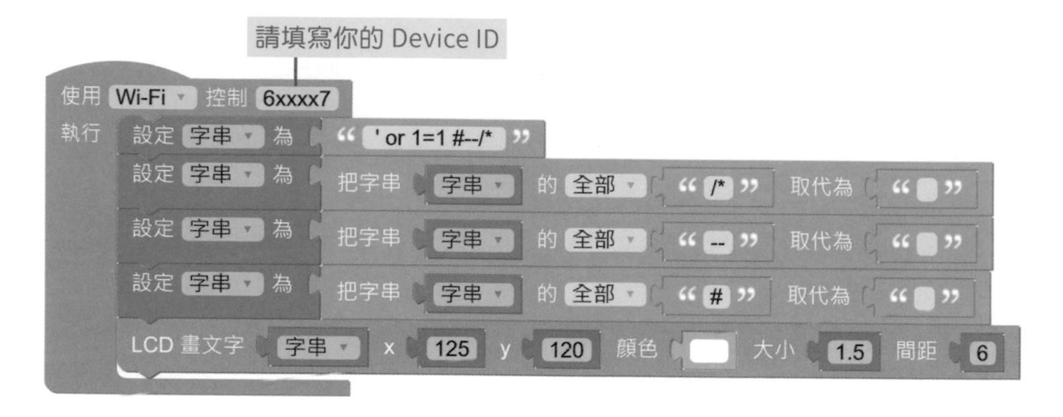

5. 請將 2-4-1 積木程式用「循序、選擇及重複」三種結構來標示。

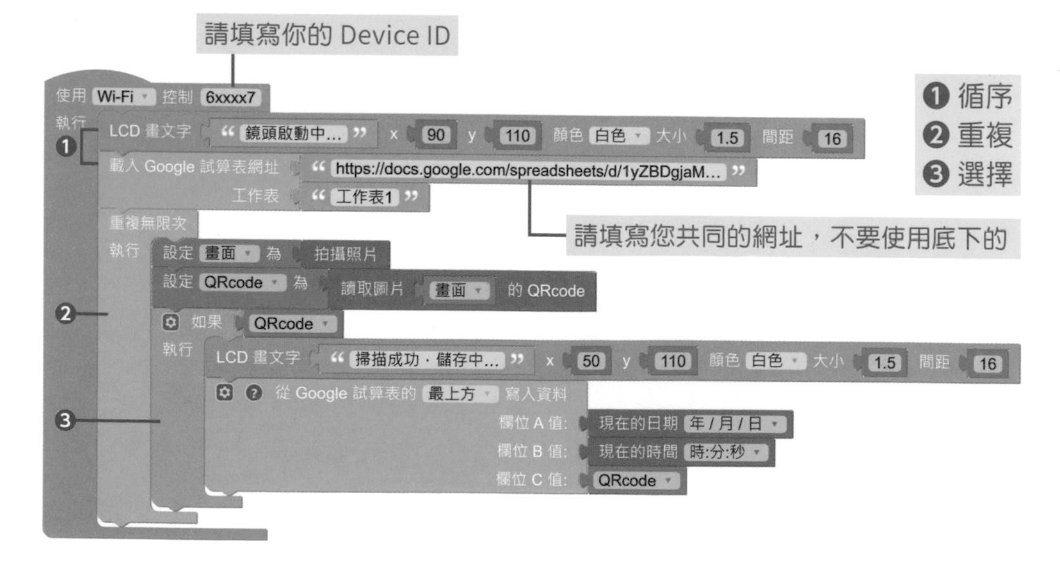

6. 請設計一個可以掃描 QRCode 後，記錄當下的「日期、時間、姓名、手機及 email」之簽到系統。(請用 Quick Mark 網站以 vCard 產生「姓名、手機及 email」的二維條碼)

CHAPTER 3 顏色配對遊戲 習題解答

1. **請問按鈕開關的行為有哪幾種，可以套用哪幾種按鈕模式？**

   「按下、放開、長按」三種開關行為，三種行為可分別套用至「L、R 及 L+R」。(持續按下 1 秒叫長按)

2. **請參考 3-1-4 函式的作法，設計一個求 BMI 的函式，可以把身高、體重轉換成 BMI 值，其公式為 BMI= 體重 / 身高 ^{2}。(身高單位為公尺、體重單位為公斤)**

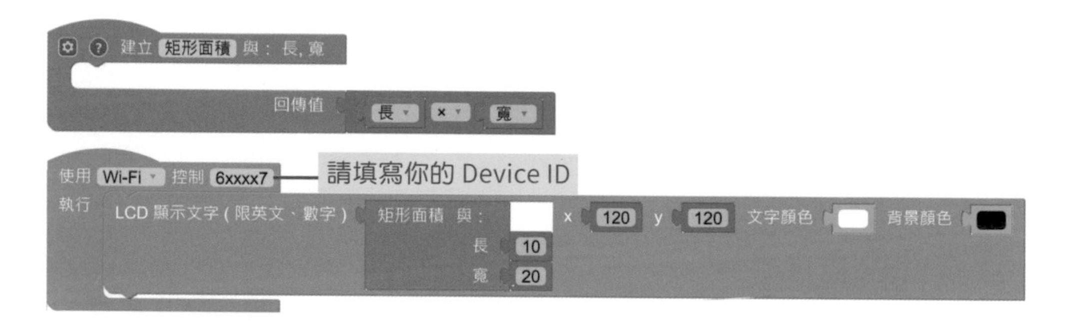

3. **請分別解釋 CIELAB 色彩模型中 L*、a*、b* 的意思及其值範圍？**

   「L*」代表感知的亮度、「a*」和「b*」代表人類視覺的四種獨特顏色：紅色、綠色、藍色和黃色，L 的值域由 0 到 100，a 和 b 的值域都是由 +127 至 -128。

4. **請您使用「WEBDUINO 選色器」篩選出您的「手掌心」(即手掌心變成白色，其他部份變成黑色，比方說臉、身體…)，並寫下其色碼的數字。**

   (60,100,7,25,-5,11) → 每個人測出的數值會因光線不同有所不同。

5. **請說明開發板的內建聲音檔有哪些及用途是什麼呢？**

聲音檔	用途
angry.wav	生氣
cry.wav	哭
happy.wav	快樂

聲音檔	用途
intro.wav	語音自介
laugh.wav	笑
logo.wav	歡迎

6. 請將 3-4-3 積木程式分別用「事件」及「循序、選擇及重複」三種結構來標示。

想要標示詳細的話，可以自行在「事件、選擇或重複」內的程式也加上標示。

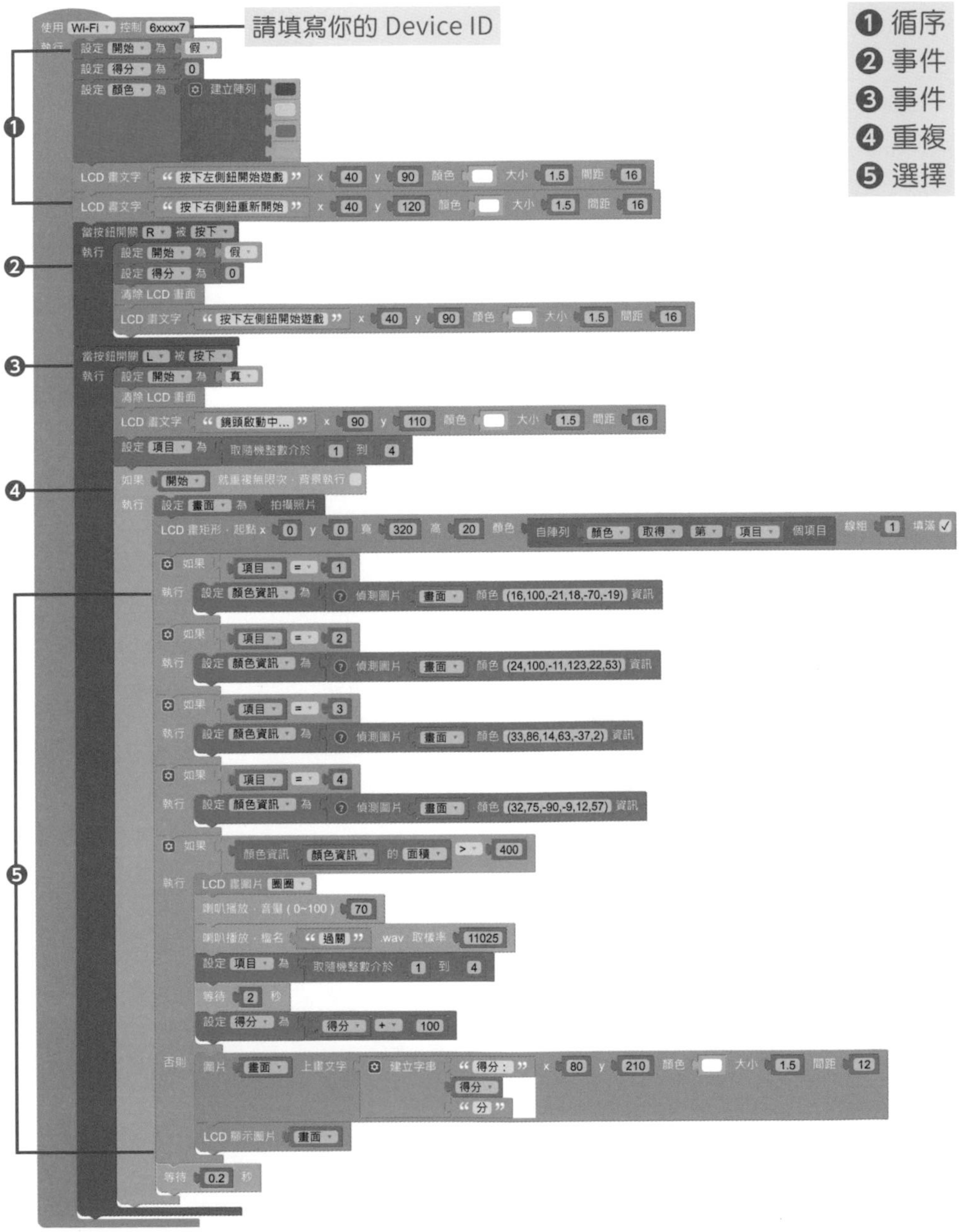

```
使用 Wi-Fi 控制 6xxxx7        ← 請填寫你的 Device ID
執行
  設定 開始 為 假                                   ❶
  設定 得分 為 0
  設定 顏色 為 建立陣列
  LCD 畫文字 "按下左側鈕開始遊戲" x 40 y 90 顏色 大小 1.5 間距 16
  LCD 畫文字 "按下右側鈕重新開始" x 40 y 120 顏色 大小 1.5 間距 16
  當按鈕開關 R 被 按下                               ❷
  執行 設定 開始 為 假
       設定 得分 為 0
       清除 LCD 畫面
       LCD 畫文字 "按下左側鈕開始遊戲" x 40 y 90 顏色 大小 1.5 間距 16
  當按鈕開關 L 被 按下                               ❸
  執行 設定 開始 為 真
       清除 LCD 畫面
       LCD 畫文字 "鏡頭啟動中..." x 90 y 110 顏色 大小 1.5 間距 16
       設定 項目 為 取隨機整數介於 1 到 4
       如果 開始 就重複無限次，背景執行                 ❹
       執行 設定 畫面 為 拍攝照片
            LCD 畫矩形，起點 x 0 y 0 寬 320 高 20 顏色 自陣列 顏色 取得 第 項目 個項目 線粗 1 填滿 ✓
            如果 項目 = 1                               ❺
            執行 設定 顏色資訊 為 偵測圖片 畫面 顏色 (16,100,-21,18,-70,-19) 資訊
            如果 項目 = 2
            執行 設定 顏色資訊 為 偵測圖片 畫面 顏色 (24,100,-11,123,22,53) 資訊
            如果 項目 = 3
            執行 設定 顏色資訊 為 偵測圖片 畫面 顏色 (33,86,14,63,-37,2) 資訊
            如果 項目 = 4
            執行 設定 顏色資訊 為 偵測圖片 畫面 顏色 (32,75,-90,-9,12,57) 資訊
            如果 顏色資訊 顏色資訊 的 面積 > 400
            執行 LCD 畫圖片 圈圈
                 喇叭播放，音量 ( 0~100 ) 70
                 喇叭播放，檔名 "過關" .wav 取樣率 11025
                 設定 項目 為 取隨機整數介於 1 到 4
                 等待 2 秒
                 設定 得分 為 得分 + 100
            否則 圖片 畫面 上畫文字 建立字串 "得分：" 得分 "分" x 80 y 210 顏色 大小 1.5 間距 12
            LCD 顯示圖片 畫面
            等待 0.2 秒
```

❶ 循序
❷ 事件
❸ 事件
❹ 重複
❺ 選擇

7. 如果想把 3-4-4 積木程式改良成配對錯誤會出現 X，該如何修改呢？（可以利用面積的值來判斷，比方說介於 100~399 表示，數值範圍請自行測試）

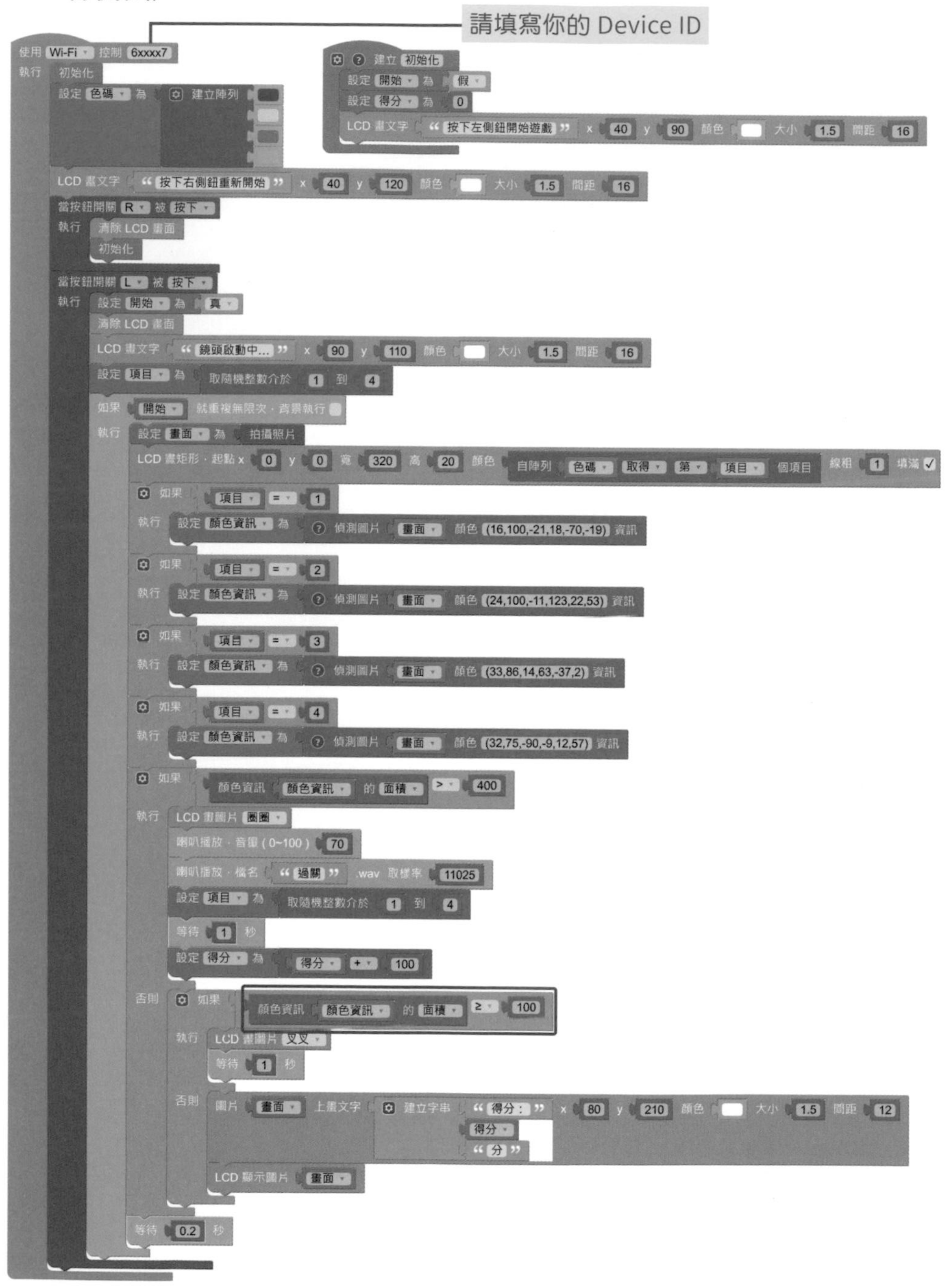

CHAPTER 4 剪刀石頭布猜拳辨識 習題解答

1. 請分別簡述卷積神經網路的兩個隱藏層，卷積層與池化層的作用？

    - 卷積層：為一組平行的特徵圖，卷積核與輸入的圖像會進行滑動 + 內積運算。

    - 池化層：數據降維，最常見方法為取「最大值」，讓卷積的結果減少參數量。

2. 請說明如何利用影像訓練平台，做一個「影像分類」的操作流程？

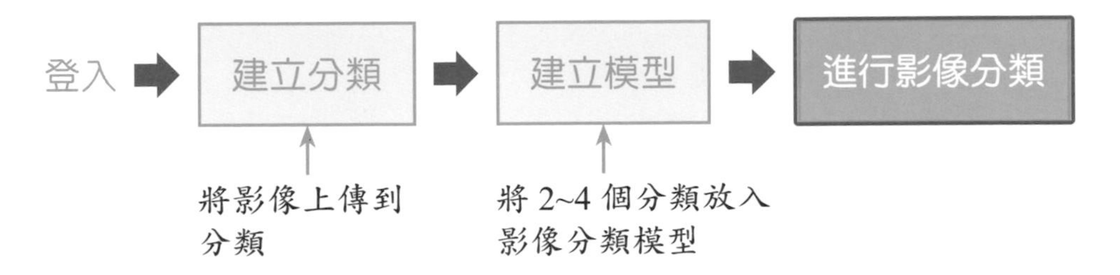

3. 「Learning Rate、Batch Size Fraction 及 Epochs」的意思是什麼？該如何調整來降低損失誤差？

    - Learning Rate（0.0001~0.0005）

      學習率，代表學習的效率，與學習速度成正比，剛開始可以設大一點加速接近目標，幾次後再調小，讓它收斂在最低點。

    - Batch Size Fraction（0.1~1）

      每次學習所用的樣本數，Batch Size Fraction 設為 0.2，表示每次會使用 100*0.2=20 張照片進行學習。

    - Epochs（10~100）

      訓練的回合數，與時間成正比，通常數字越大，訓練模型就越能更好地預測數據，當然訓練的時間也會更久。

4. 使用 notevibes.com 網站做文字轉語音有什麼限制，及其音檔的格式與取樣率要怎麼設播放才會正常？

- 每個帳號的免費試用額度為 2,000 個字元。
- 音檔格式可以為 mp3 或 wav。
- 取樣率設為 22050 播放才會正常。

5. 說說看，您要怎麼做才能讓「剪刀、石頭、布」猜拳辨識的成功率更高，做到 Web:AI 開發板每次都能贏玩家？

- 讓拍攝物體跟白色框大小相當。
- 稍微轉動角度，拍攝不同角度的影像。
- 背景儘量單純以提升辨識率。
- 拍攝張數可以多增加一些。

CHAPTER 5 來客 LINE 通知 / 傳訊 習題解答

1. 請問 Web:AI 開發板的【取得人臉資訊】可以偵測到哪些資訊？

   包括位置（x 座標、y 座標）、大小（寬度、高度）及有無帶口罩的資訊。

2. 請問【圖片雲端下載】積木和【下載圖片，網址】積木有什麼不同？

   從雲端下載指定檔名的圖片，搭配【LCD 顯示圖片】顯示。(注意：此動作只是將圖片暫時存放至開發板或記憶（SD）卡，但不會真正儲存）

   從指定的網址下載圖片，並以指定的檔名儲存至開發板或記憶（SD）卡中。

3. 請用人臉追蹤功能設計一個居家防盜系統：當系統啟動後辨識到有人靠近時，會將此人拍照並透過 LINE Notify 通知主人您。

請填寫你的 Device ID

4. 設計一個能使用 Webduino AIoT 聊天機器人控制 Web:AI 開發板，其命令如下：

- 開燈：在 LCD 螢幕填滿黃色的矩形，回傳訊息「電燈已開啟」。
- 關燈：清除 LCD 螢幕，回傳訊息「電燈已關閉」。
- 音樂：播放內建「laugh.wav」聲音，回傳訊息「音樂已播放」。
- 拍照：立即拍攝照片並顯示在 LCD 螢幕，回傳訊息「照片已拍攝」。

(請注意：不要插記憶（SD）卡，才能播放內建音樂)

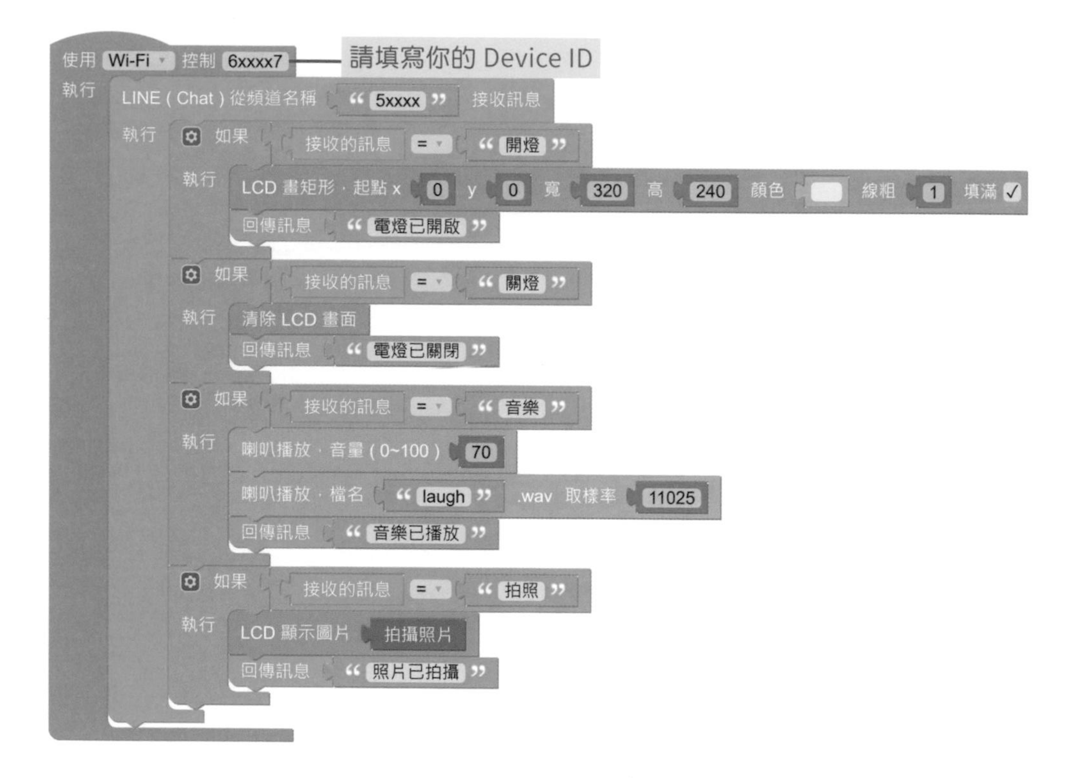

5. 請使用「網路廣播」功能，設計一個能夠從 A「Web:Bit 教育版平台」語音控制 B「Web:AI 開發板」的動作，其語音命令如下：

- 開燈：在 LCD 螢幕填滿白色的矩形，語音回報「電燈已開啟」。
- 關燈：清除 LCD 螢幕，語音回報「電燈已關閉」。

B

A

使用 模擬器 控制
執行 從頻道 “被控端” 接收廣播訊息
執行 朗讀文字 收到的廣播訊息
參數設定 語言 中文 音調 正常 速度 正常
重複無限次，背景執行
執行 語音辨識，語言 中文 (僅支援 Chrome、Android)
向頻道 “主控端” 發送廣播訊息 語音辨識的文字

B

使用 Wi-Fi 控制 6xxxx7 — 請填寫你的 Device ID
執行 從頻道 “主控端” 接收廣播訊息
執行 如果 收到的廣播訊息 = “開燈”
執行 LCD 畫矩形，起點 x 0 y 0 寬 320 高 240 顏色 線粗 1 填滿 ✓
向頻道 “被控端” 發送廣播訊息 “電燈已開啟”
如果 收到的廣播訊息 = “關燈”
執行 清除 LCD 畫面
向頻道 “被控端” 發送廣播訊息 “電燈已關閉”

6. 請比較題目 4 及 5 的控制方式有何不同？（如：誰是主控端？誰是被控端？）

	控制方式	主控端	被控端
題目 4	LINE chat	LINE	Web:AI
題目 5	網路廣播	Web:Bit	Web:AI

CHAPTER 6 自走車辨識號誌卡 習題解答

1. 請說明 MoonCar 循跡自走的原理及啟動循跡後如何循跡？

循跡自走是透過 MoonCar 底部的 IR 循線感測器，來感測路線狀況，並在 MoonCar 底盤上方對應的綠色 LED 反映出結果。

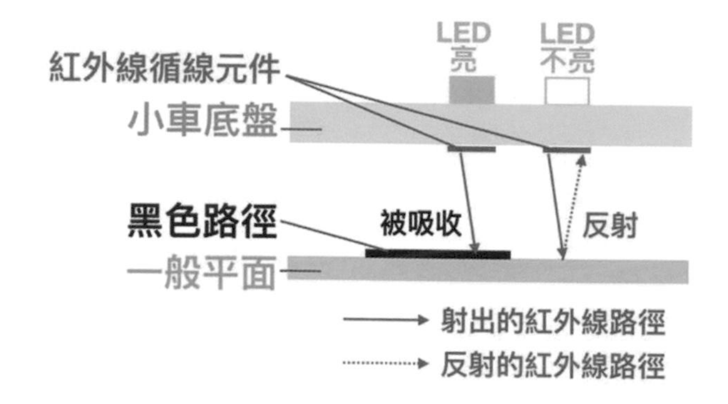

簡單來說，左右兩個循線感應器，會往下發出垂直於路面的紅外光（IR），來偵測目前是否在「黑色路徑」上：如果是的話，底盤上方相對應的綠色 LED 就會亮起，否則就不亮。

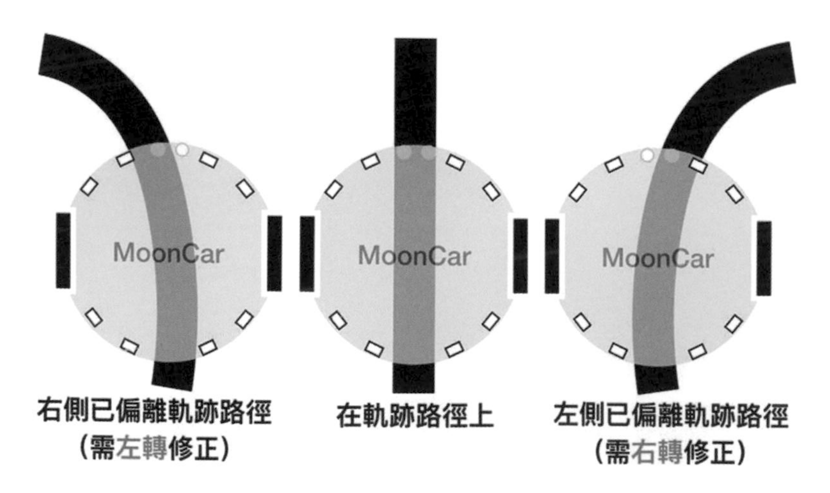

2. 請根據 6-1-4 的教學，設計依照地板的顏色（紅綠藍）讓 LCD 螢幕跟著變化。

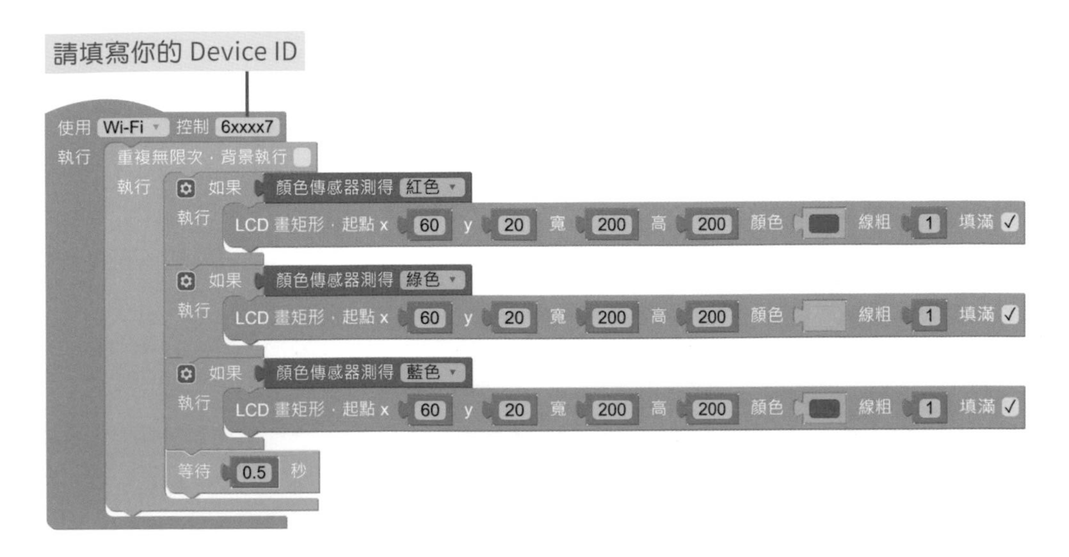

3. 請問要做物件追蹤功能前其訓練步驟為何？

❶建立影像的分類，接著❷建立物件追蹤的模型，將分類影像放入模型中訓練，完成後再❸下載模型至開發板內，就可以❹使用程式積木透過模型來進行物件追蹤。

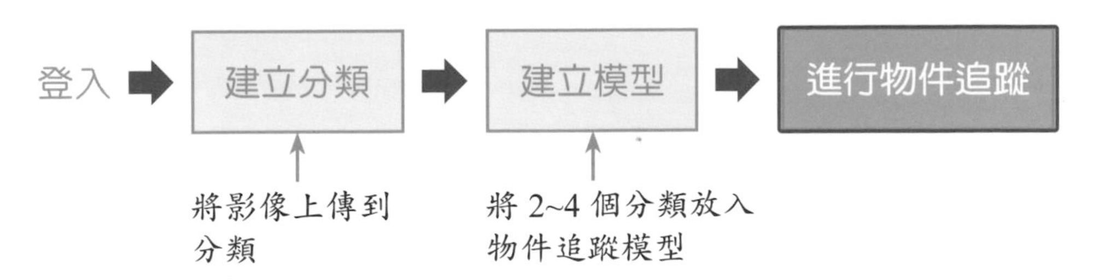

4. 請問【取得所有物件】積木執行後，會取得哪些資訊？

包含 x 座標、y 座標、寬、高及信心度。

5. 請根據 6-3 的教學，使用內建 monster 模型，做出車子循跡時遇到「紅色小怪獸」會停止；遇到「綠色小怪獸」會前進的功能。(怪獸卡請自行更換)

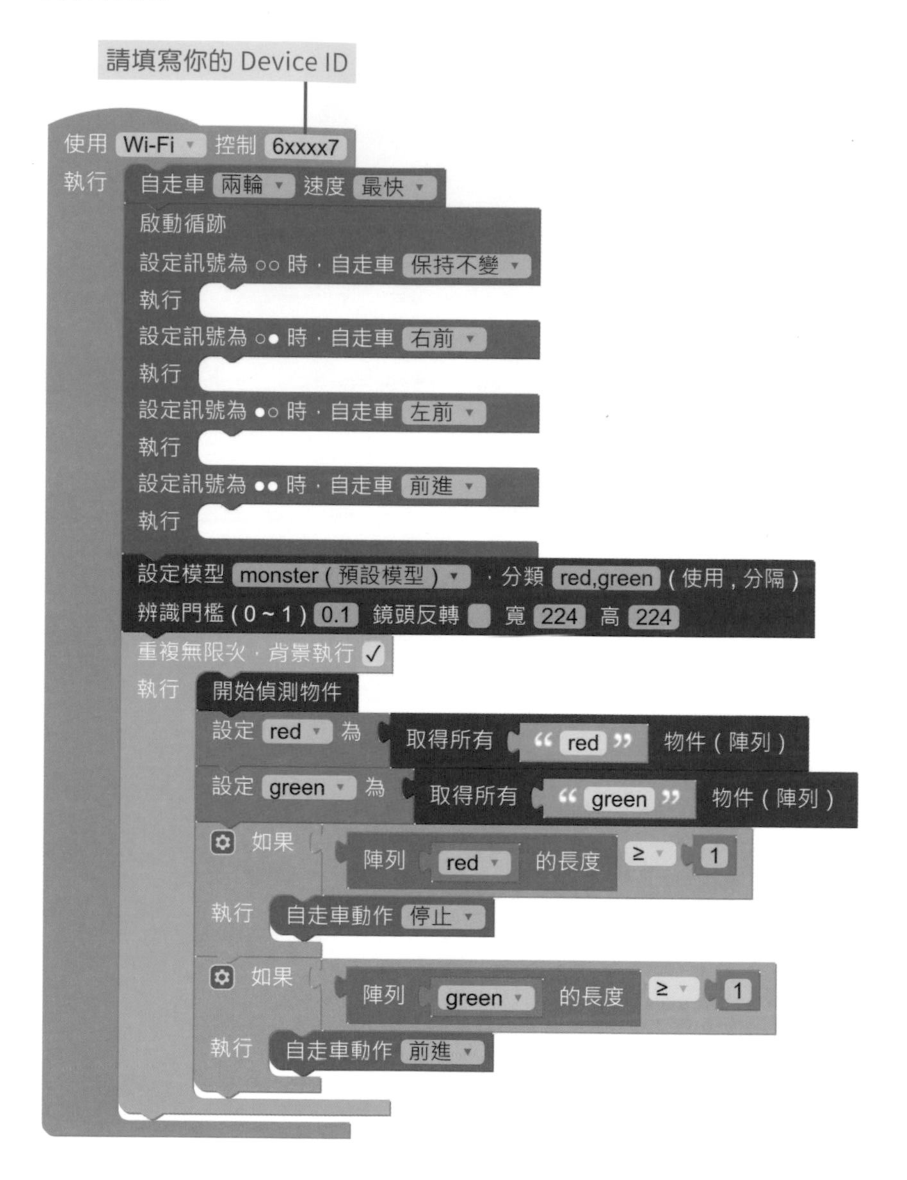

CHAPTER 7 智慧音箱控制家電 習題解答

B

1. 請問【錄製語音單詞】積木使用上有哪些注意事項？

   - 名稱部份建議要超過 2 個字，辨識率會比較好。
   - 錄音的時間約 1.5 秒。
   - 錄製完的聲音模型會一直存放在開發板中，除非經過「韌體更新」或是錄製相同編號模型才會覆蓋。
   - 最多只能儲存 10 個模型做為辨識。

2. 請根據 7-2-1 紅外線接收的教學，改用「輸入輸出」的紅外線接收積木，側錄電視遙控器「開 / 關」及「上一台 / 下一台」的代碼。

   請使用下列程式碼側錄電視遙控器的「開 / 關」及「上一台 / 下一台」的代碼。

請填寫你的 Smart 開發板之 Device ID

開發板 Smart 使用 Wi-Fi 連線至 " 1xxx5 " 類比取樣 50 ms 串聯 協同控制
設定 irrawrecv 為 冷氣紅外線接收，腳位 2
irrawrecv 開始接收冷氣紅外線
執行 顯示 irrawrecv 接收的代碼

3. 請根據 7-2-2 紅外線發射的教學改用「輸入輸出」的紅外線發射積木，實作電視遙控器「開 / 關」及「上一台 / 下一台」的功能。

   發射代碼僅供參考，因為每個遙控器的代碼不同。

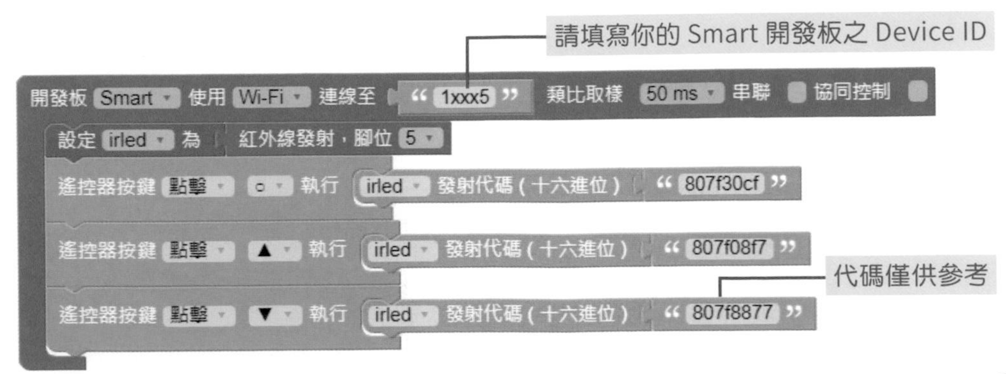

4. 請根據 7-2-3 溫濕度的教學，配合 LED 燈、光敏電阻，實作使用網頁互動區域的遙控器，按下「1」：如果光敏電阻 <=0.5 才開啟 LED 燈；按下「2」：關閉 LED 燈。

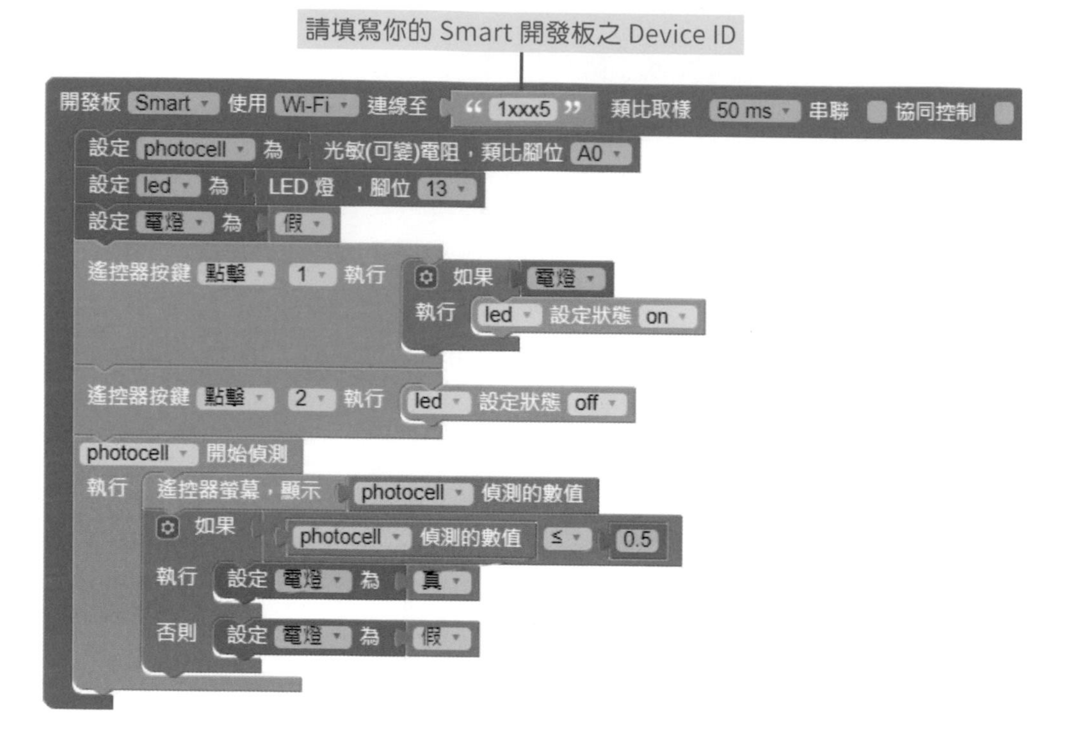

5. 請修改 7-4-3 之 Smart 開發板程式碼，加入「開電燈」時能夠判斷光敏電阻的值必須 <=0.5，才讓電燈開啟，否則的話發送「無法開燈」的廣播訊息至「家電控制」頻道。

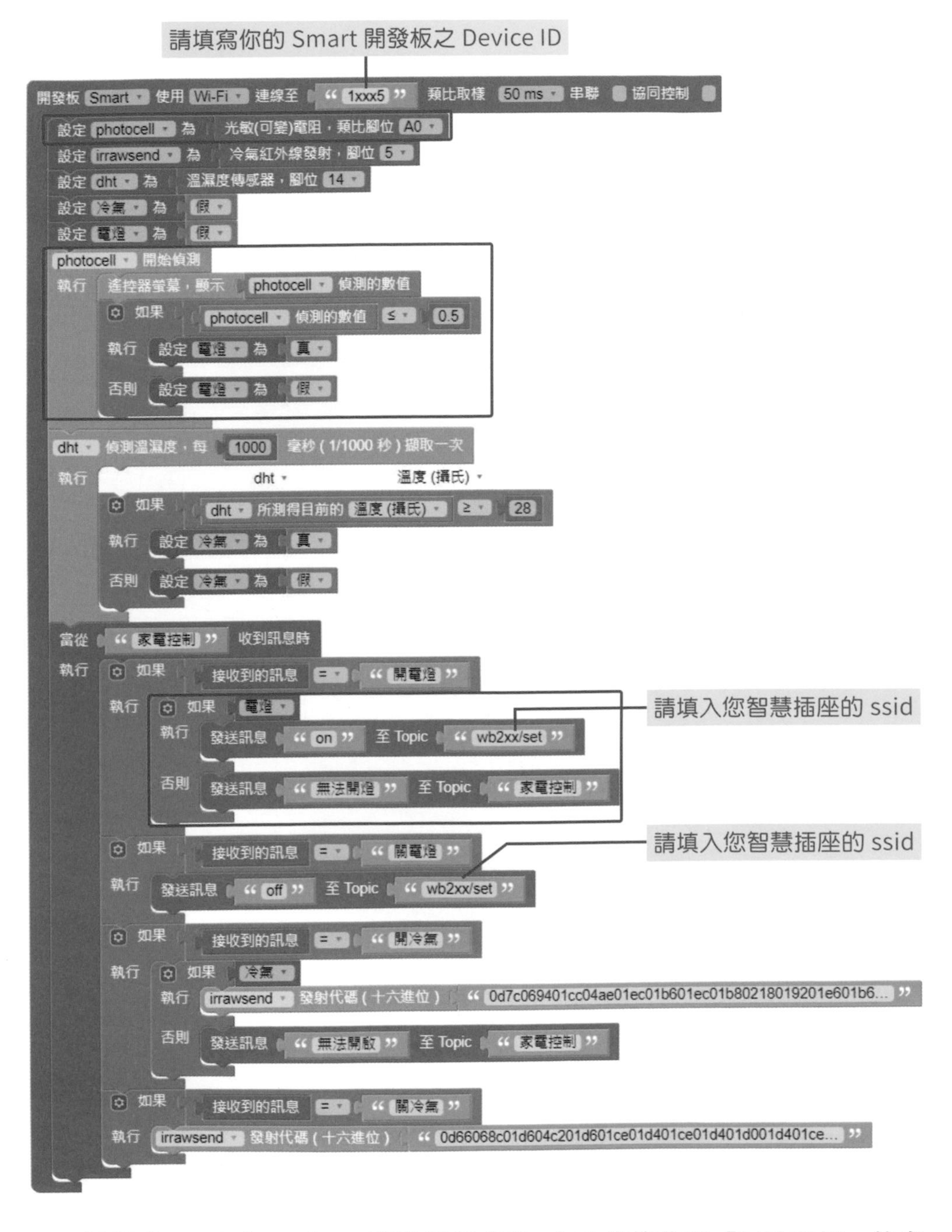

6. 請修改 7-4-3 之 Web:AI 開發板程式碼，加入當接收到「無法開燈」的廣播訊息時，Web:AI 開發板會顯示「室內太亮，無法開燈。」的訊息，並用喇叭發出對應文字的語音。(語音檔請使用「notevibes.com」網站產生)

```
建立 請說命令
  清除 LCD 畫面
  LCD 畫文字 “請說命令” x 100 y 110 顏色 □ 大小 1.5 間距 16

使用 Wi-Fi 控制 6xxxx7    ← 請填寫您的 Device ID
執行
  設定語音辨識精準度 低
  喇叭播放，音量（0~100）70
  LCD 畫文字 “請說命令” x 100 y 110 顏色 □ 大小 1.5 間距 16
  從頻道 “家電控制” 接收廣播訊息
  執行
    如果 收到的廣播訊息 = “無法開啟”
    執行
      清除 LCD 畫面
      LCD 畫文字 “室溫低於28度，無法開啟。” x 0 y 110 顏色 □ 大小 1.5 間距 16
      喇叭播放，檔名 “lowwarning” .wav 取樣率 22050
      請說命令
    如果 收到的廣播訊息 = “無法開燈”
    執行
      清除 LCD 畫面
      LCD 畫文字 “室內太亮，無法開燈。” x 30 y 110 顏色 □ 大小 1.5 間距 16
      喇叭播放，檔名 “highwarning” .wav 取樣率 22050
      請說命令
  當聽到 1 號 名稱 開電燈 時
  執行
    清除 LCD 畫面
    LCD 畫文字 “電燈開啟” x 100 y 110 顏色 □ 大小 1.5 間距 16
    喇叭播放，檔名 “lighton” .wav 取樣率 22050
    向頻道 “家電控制” 發送廣播訊息 “開電燈”
    請說命令
  當聽到 2 號 名稱 關電燈 時
  執行
    清除 LCD 畫面
    LCD 畫文字 “電燈關閉” x 100 y 110 顏色 □ 大小 1.5 間距 16
    喇叭播放，檔名 “lightoff” .wav 取樣率 22050
    向頻道 “家電控制” 發送廣播訊息 “關電燈”
    請說命令
  當聽到 3 號 名稱 開冷氣 時
  執行
    清除 LCD 畫面
    LCD 畫文字 “冷氣開啟” x 100 y 110 顏色 □ 大小 1.5 間距 16
    喇叭播放，檔名 “turnon” .wav 取樣率 22050
    向頻道 “家電控制” 發送廣播訊息 “開冷氣”
    請說命令
  當聽到 4 號 名稱 關冷氣 時
  執行
    清除 LCD 畫面
    LCD 畫文字 “冷氣關閉” x 100 y 110 顏色 □ 大小 1.5 間距 16
    喇叭播放，檔名 “turnoff” .wav 取樣率 22050
    向頻道 “家電控制” 發送廣播訊息 “關冷氣”
    請說命令
```

Web:AI 智慧生活應用｜自走車辨識 x 口罩偵測 x 雲端服務

作　　者：蔡宜坦
企劃編輯：莊吳行世
文字編輯：王雅雯
設計裝幀：張寶莉
發 行 人：廖文良

發 行 所：碁峰資訊股份有限公司
地　　址：台北市南港區三重路 66 號 7 樓之 6
電　　話：(02)2788-2408
傳　　真：(02)8192-4433
網　　站：www.gotop.com.tw
書　　號：ACH023800
版　　次：2021 年 11 月初版
建議售價：NT$380

國家圖書館出版品預行編目資料

Web:AI 智慧生活應用：自走車辨識 x 口罩偵測 x 雲端服務 / 蔡宜坦著. -- 初版. -- 臺北市：碁峰資訊, 2021.11
面；　公分
ISBN 978-626-324-002-5(平裝)
1.人工智慧　2.電腦程式設計　3.物聯網
312.83　　110017972

讀者服務

- 感謝您購買碁峰圖書，如果您對本書的內容或表達上有不清楚的地方或其他建議，請至碁峰網站：「聯絡我們」\「圖書問題」留下您所購買之書籍及問題。(請註明購買書籍之書號及書名，以及問題頁數，以便能儘快為您處理）
http://www.gotop.com.tw

- 售後服務僅限書籍本身內容，若是軟、硬體問題，請您直接與軟體廠商聯絡。

- 若於購買書籍後發現有破損、缺頁、裝訂錯誤之問題，請直接將書寄回更換，並註明您的姓名、連絡電話及地址，將有專人與您連絡補寄商品。